编审委员会

建筑工程
技术专业

高职高专规划教材

JIANZHU GONGCHENG CELIANG

建筑工程测量
第二版

李会青　主　编
荣延祥　赵凤阳　副主编
黄兆康　主　审

化学工业出版社
·北京·

本书依据国家标准《工程测量规范》（GB 50026—2007），结合本专业的教学改革和行业发展编写而成。全书分 9 个单元，内容包括建筑工程测量的基础知识、高程测量、坐标测量、GPS 定位及应用、大比例尺地形图测绘、地形图应用、建筑施工测量、建筑物变形观测及竣工总平面图的编绘、测绘新技术在工程测量中的应用。每单元附有思考与练习题，另外还附有建筑工程测量能力训练，可以作为课程评价的参考。

本书可作为高职高专建筑工程技术、工程监理、工程造价、建筑工程管理、建筑装饰工程技术等土建类专业及相关专业教材，也可作为成人教育土建类及相关专业的教材，还可作为建筑工程测量等相关专业技术人员的参考资料。

图书在版编目（CIP）数据

建筑工程测量/李会青主编. —2 版. —北京：化学工业出版社，2016.9（2021.1 重印）
高职高专规划教材
ISBN 978-7-122-27780-0

Ⅰ. ①建… Ⅱ. ①李… Ⅲ. ①建筑测量-高等职业教育-教材 Ⅳ. ①TU198

中国版本图书馆 CIP 数据核字（2016）第 181594 号

责任编辑：李仙华　　　　　　　　　　　　　装帧设计：张　辉
责任校对：王素芹

出版发行：化学工业出版社（北京市东城区青年湖南街 13 号　邮政编码 100011）
印　　装：北京盛通商印快线网络科技有限公司
787mm×1092mm　1/16　印张 12¾　字数 304 千字　2021 年 1 月北京第 2 版第 3 次印刷

购书咨询：010-64518888　　　　　　　售后服务：010-64518899
网　　址：http://www.cip.com.cn
凡购买本书，如有缺损质量问题，本社销售中心负责调换。

定　　价：28.00 元

前言

　　《建筑工程测量》第一版自 2010 年出版到现在已有六年，这六年建筑行业和测绘行业的发展，每个业内的人员都能切身地感觉到。反映到工程测量上主要体现在全站仪、GPS 普遍使用，无人机、三维激光扫描技术日臻完善，工程测量的内容日趋精细化、自动化、立体化。因此本次修订将结合近年来建筑行业和测绘的技术更新与发展增加相应的内容，以保持本书的先进性。本次修订增加了全站仪精密测高的内容，新增了 GPS 精细化测量，增加了三维激光扫描技术、自动监测技术、地下管网测绘等。

　　本次修订第 1～8 单元的部分内容由李会青完成，新增第 9 单元由桂林理工大学南宁分校的赵凤阳老师编写。

　　深圳地质建设工程公司荣延祥教授级高工提出了大量修订意见，并提供了大量生产一线素材。广西职业技术学院黄兆康教授担任本书主审，提出了许多宝贵意见，在此表示感谢！

　　教学模式的探索与实践，微课、慕课、手机 APP 的推广与应用也给教材编写注入了新的元素，本教材将在相关的平台上逐步完善相应的教学资源建设，随本书一并提供给读者。

　　由于编者水平有限，书中或教学资源中有何不妥，可发信到邮箱 596048283@qq.com 与我们联系。

　　本书提供有电子教案和 PPT 电子课件，可登录 www.cipedu.com.cn 网址免费获取。

编　者

2016 年 5 月

第一版前言

本教材依据教育部《高职高专教育土建类专业人才培养规格和课程体系改革、建设的研究与实践》课题所取得的研究成果，以职业岗位能力分析为基础选取编排课程内容，关注专业的改革和行业发展，关注工程应用能力的培养，力争做到简明实用。

电子技术、计算机技术、通信技术的飞速发展，尤其是全站仪和 GPS 的广泛应用，给建筑工程测量带来巨大变化，因此需要新的理念与之适应，本教材试图将这种理念蕴含其中。建筑工程测量的主要任务是测图、放线、变形观测，利用全站仪或 GPS 可以直接测量点的三维坐标 (x, y, H)，有了三维坐标可以绘图，也可以进行建筑物变形观测，从 Auto-CAD 界面根据设计图可以获取点的三维坐标作为定位放线和高程控制的依据。即使是坐标正反算，也可以通过 AutoCAD 画线并显示其属性完成。但传统的测量技术简单实用，仍在广为使用，在本教材中也得到充分体现。

本教材吸收了近年来教学改革和行业发展的阶段性成果，借鉴了同类教材的相关内容。在编排次序上进行了调整，注重系统性、条理性。在内容上，既注重新技术、新方法的引进，又坚持"够用为度"的标准。同时内容通俗易懂，实用性强。

本书由深圳职业技术学院李会青主编（第 1、3、7 单元），参加编写的还有深圳地质工程有限公司荣延祥（第 5 单元）、河南建筑职业技术学院郑日忠（第 4、8 单元）和泰州职业技术学院袁学锋（第 2、6 单元）。全书由李会青统稿。

广西建设职业技术学院黄兆康教授担任本书主审，提出了许多宝贵意见，在此表示感谢！

由于编者水平有限，书中难免有疏漏之处，恳请读者批评指正。

本书提供有 PPT 电子教案，可发信到 cipedu@163.com 免费获取。

编 者

2010 年 7 月

目 录

单元③ 坐标测量 —————————————————— 37

单元⑥ 地形图应用 ——————————————— 104

单元⑦ 建筑施工测量 ——————————————— 116

单元 ⑧　建筑物变形观测及竣工总平面图的编绘————145

单元 ⑨　测绘新技术在工程测量中的应用————157

单元 ① 基础知识

知识目标

- 了解建筑工程测量的任务与测量工作的原则
- 理解工程测量的任务与点位坐标的关系
- 掌握地面点的坐标表示和测量误差的基础知识

能力目标

- 能正确理解与表示水平角、竖直角、高差、水平距离等
- 能正确理解建筑工程测量的坐标系统和高程系统
- 能理解与应用基本的误差理论

引子

建筑工程测量的任务是什么，完成这些任务需要哪些数据，测量中的误差有哪些，如何消除或减弱它们，如何评价测量成果，这是本单元要解决的问题。

1.1 建筑工程测量的任务

建筑工程测量贯穿建筑工程的勘测设计、施工、竣工运营阶段，其主要任务包括：大比例尺地形图测绘、建（构）筑物施工放线、竣工测量和建筑物变形观测。

1.1.1 测图

一般工程的勘测设计阶段需要测绘地形图，用于设计和工程量统计。工程进行期间，有时需要测绘地形图，进行工程量计算。对于隐蔽工程需及时测绘竣工图。工程竣工和运营阶段，要进行竣工测量，完成竣工图测绘。有时还要根据具体任务测绘断面图。

总之，测图就是根据工程需要，将各种地物地貌，通过外业观测和内业数据整理，按一定的比例尺绘制成地形图或竣工图、断面图等，为工程各个阶段提供必要的图纸和数据资料。

1.1.2 放线

放线是建筑物施工过程中的重要步骤，是将设计好的建筑物或构筑物，按照设计或施工的具体要求在实地标定出来，作为施工的依据。具体内容包括：建筑物定位、施工控制网测设、轴线投测和高程控制等内容。

1.1.3 变形观测

在建筑物施工和使用阶段，为了监测其基础和结构的安全稳定状况，了解施工对周围建筑和自身的影响，必须定期对建筑物的沉降、位移、倾斜等进行观测，为工程质量的鉴定、工程结构和地基基础的研究以及建筑物的安全保障提供服务。

建筑工程测量在规划、建筑等领域起着不可替代的作用，是从事建筑施工及相关行业的工程技术人员的必备技能之一。

1.1.4 点位与建筑工程测量任务的关系

点位即点的三维坐标，是描绘客观世界的基础数据。确定了点的三维坐标，就可以利用绘图软件绘制出地形图、竣工图等；并且可以根据三维坐标的变化来判断建筑物的变形，从而跟踪建筑物的安全状况。对于放线而言，可以从设计图纸上取得待建建筑物的三维坐标，并以此完成建筑物放线和高度控制任务。因此，可以认为点位是建筑工程测量的重要数据，是完成建筑工程测量任务的数据载体。测量点的三维坐标可以进行测图和变形观测，从图纸上获取三维坐标是建筑物定位放线的基础工作。

1.2 地面点位的确定

点位是建筑工程测量的重要数据，为此必须确定地面点的坐标表示方法。

1.2.1 地球的形状和大小

测量是在地球表面进行的，地面点位的确定与地球的形状和大小密切相关。地球的自然表面有高山、丘陵、平原、海洋等形态，是一个不规则曲面，其中海洋面积约占地球表面的71%，陆地面积约占29%。假设一个静止不动的水面延伸并穿过陆地，包围整个地球，形成闭合曲面，称之为水准面；与水准面相切的平面称为水平面。在地球上重力线与水准面垂直，重力线也称为铅垂线。铅垂线是测量工作的基准线。

水准面因其高度不同有无数个，其中与平均海水面相吻合的水准面称为大地水准面，它可以近似代表地球的形状。大地水准面是测量工作的基准面。大地水准面所包围的形体称为大地体。由于地球内部质量分布不均匀，重力受其影响，致使大地水准面成为一个不规则的、复杂的曲面。如果将地球表面上的点位投影到这样一个不完全均匀变化的曲面上，在计算上是很困难的。长期测量实践表明，大地体与一个以椭圆的短轴为旋转轴的旋转椭球的形状十分相似，所以测绘工作便取大小与大地体很接近的旋转椭球作为地球形状和大小的参考，如图 1-1 所示。

我国目前采用的旋转椭球的参数为长半径 $a=6378140\mathrm{m}$；短半径 $b=6356755\mathrm{m}$；扁率 $\alpha=(a-b)/a=1/298.257$。

由于旋转椭球的扁率很小，在测区面积不大时，可以近似地把地球看做圆球，其半径 R 可按式（1-1）计算：

$$R=(a+a+b)/3 \tag{1-1}$$

1.2.2 地面点的高程

地面点到大地水准面的铅垂距离称为点的高程，用 H 表示。如图 1-2 所示，过 A 点有且仅有一条铅垂线，该铅垂线与大地水准面有一交点 A'，则 AA' 即为 A 点到大地水准面的

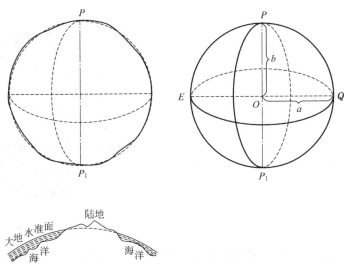

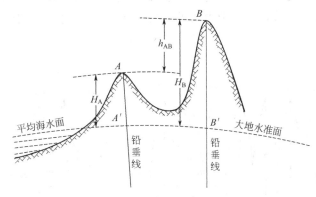

图 1-1　大地水准面与参考椭球

图 1-2　高程和高差

铅垂距离，用 H_A 表示。同样用 H_B 表示 B 点的高程。

我国高程系统是以青岛验潮站历年记录的黄海平均海水面为基准，并在青岛建立了国家水准原点，其高程为 72.260m，称为 1985 年国家高程基准。

地面上两点高程之差称为高差，用 h 表示。A、B 两点的高差为

$$h_{AB}=H_B-H_A \tag{1-2}$$

1.2.3　独立平面直角坐标系

当测量的范围较小时，可以将该测区的大地水准面当做平面看待，在该平面上建立独立平面直角坐标系。独立坐标系原点通常取测区的西南角，如图 1-3 所示，规定 x 轴向北为正，y 轴向东为正。地面点 A 所对应的铅垂线投影点 A' 在该坐标系有坐标 (x_A, y_A)。A 点的三维坐标可表示成 (x_A, y_A, H_A)。由此可知，测区内每点在平面直角坐标系中都有对应坐标，再加上高程即可以表示地面点。

1.2.4　高斯平面直角坐标系

当测量的范围大时，大地水准面不能再看成平面，而是作为椭球面处理。球面上不能建立直角坐标系。为此采用投影的方法将球面变为平面，然后再建立平面直角坐标系。我国采用的是高斯投影法。

3

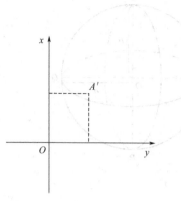

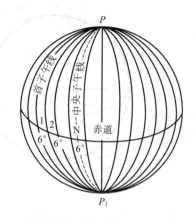

图 1-3　独立平面直角坐标系　　　　　　　　图 1-4　高斯投影分带

高斯投影方法是首先将地球按经线划分成带，称为投影带。投影带从首子午线开始，每隔 6°划分一带（称为 6°带），如图 1-4 所示，共划分成 60 个带。从首子午线开始自西向东编号，东经 0°～6°为第一度带，6°～12°为第二度带，以此类推，如图 1-5 所示。位于每一带中央的子午线称为中央子午线，第一带中央子午线的经度为 3°，任意一带中央子午线经度为

$$\lambda_0 = 6N - 3 \tag{1-3}$$

式中　N——6°带带号。

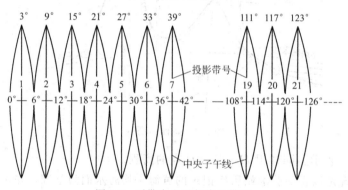

图 1-5　6°带中央子午线及带号

采用高斯投影时，设想取一个空心圆柱与地球椭球的某一中央子午线相切，如图 1-6 所示。在地球图形与柱面图形保持等角的条件下，将球面上的图形投影到圆柱面上，然后将圆柱沿着通过南、北的母线切开并展成平面。在这个平面上，中央子午线与赤道成为互相垂直的直线，其他子午线和纬线成为曲线，如图 1-7(a) 所示。取中央子午线为坐标纵轴 X，取赤道为坐标横轴 Y，两轴交点 O 为坐标原点，组成高斯平面直角坐标系。

在坐标系内，规定 X 轴向北为正，Y 轴向东为正。我国位于北半球，X 坐标均为正值，Y 坐标则有正有负，如图 1-7(a) 所示，$Y_A = 1367800\text{m}$，$Y_B = -272126\text{m}$。为了避免 Y 坐标出现负值，将每带的坐标原点向西移动 500km，如图 1-7(b) 所示，纵轴西移后，$Y_A = 500000 + 1367800 = 6367800$（m），$Y_B = 500000 - 272125 = 227875$（m）。由于每个投影带中都有这样一个坐标的点，为了进行区别，在 Y 坐标前再冠以投影带带号，构成高斯实用坐标。如该两点在第 26 带中，$Y_A = 266367800\text{m}$，$Y_B = 26227875\text{m}$。在高斯投影中，离中央子午线近的部分变形小，离中央子午线愈远变形愈大，两侧对称。当要求投影变形更小时，

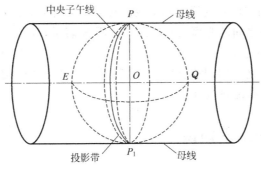

图 1-6　高斯平面直角坐标系的投影

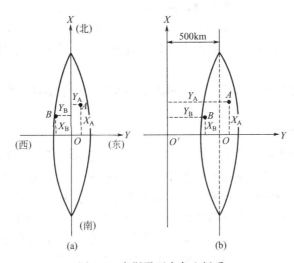

图 1-7　高斯平面直角坐标系

可采用 3°带投影或 1.5°带进行投影。

　　高斯平面直角坐标系和数学笛卡儿坐标系相比较，象限顺序不同，并赋予了统一的地理方位意义，但这个变化不影响平面点线之间的数学关系。

1.2.5　常用基本概念

　　图 1-8 中 A、B、C 为地面上的三点，由于地面起伏，三点不在同一水平面上。H 为水平面，过 B 有且仅有一条铅垂线，交 H 于 B' 点，同样过 A、C 的铅垂线交 H 与 A'、C' 点，则 A'、B'、C' 三点构成的水平角，为 A、B、C 三点的水平角。该角可以理解为两个铅垂面构成的二面角。

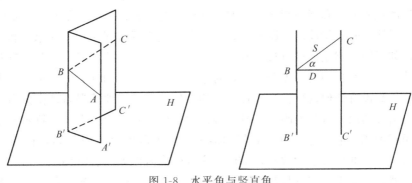

图 1-8　水平角与竖直角

竖直角是同一铅垂面内两点连线与水平线的夹角，见图1-8中 α 角。

图1-8中 B、C 两点之间的距离为倾斜距离，用 S 表示，B'、C' 两点之间的距离为 B、C 两点的水平距离，用 D 表示。

水平角、竖直角、高差和水平距离是工程测量的基础数据，随着全站仪在业内推广，$(x，y，H)$ 也变成了直接测量数据。

1.3 测量误差的基本知识

1.3.1 误差的定义

对未知量进行测量的过程称为观测，测量所得到的结果即为观测值。一般情况下观测值与真值之间存在差异，如测量三角形的三个内角和，测量结果往往不等于其真值180°，这种差异称为测量误差。用 l 代表观测值，X 代表真值，测量误差 Δ 可用式(1-4)表示：

$$\Delta = X - l \tag{1-4}$$

测量误差是不可避免的。因此，同一角度不同人测量结果不同，同一距离不同时间丈量结果有差异。

1.3.2 误差产生的原因

测量是观测人员利用测量设备，在一定的外界条件下来完成的。所以测量误差来源于以下三个方面：观测者、测量设备和外界条件。观测者的视觉鉴别能力和技术水平会导致测量结果产生误差；测量设备的精密程度对测量结果也有影响。测量设备引起的误差称为仪器误差。仪器误差与测量仪器、工具的精密性相关，例如很难利用普通的量角器将一个角度的分和秒部分精确测量出来。外界条件的影响是指观测过程中不断变化着的大气温度、湿度、风力以及大气的能见度等给观测结果带来的误差，例如由于温度升高致使丈量距离的钢尺膨胀变长而引起的误差。

将观测者、测量设备和外界条件三者综合称为观测条件。

1.3.3 误差分类、特性及消减措施

测量误差按其产生的原因和对观测结果影响的性质分为系统误差和偶然误差两类。

(1) 系统误差　在相同的观测条件下，对某一量进行一系列的观测，如果误差出现的符号和大小不变，或按一定的规律变化，这种误差称为系统误差。例如用名义长度为30m而实际长度为30.005m的钢尺量距，每量一尺段就有0.005m的误差，大小符号不变，而且对观测结果影响具有累积性，因此应设法消除或减弱其影响。

系统误差对观测结果的影响相对来说具有稳定性或规律性，消除或减弱的方法有两种：一是采用合理的观测方法和观测程序，限制或削弱系统误差的影响。如角度测量时采取盘左盘右观测，水准测量时保持前后视距相等；另一种是利用系统误差产生的原因和规律对观测值进行改正，如对距离测量值进行尺长改正、温度改正等。这些在以后章节会有介绍。

(2) 偶然误差　在相同的观测条件下，对某一量进行一系列观测，如果误差出现的符号和大小从表面上看没有任何规律性，这种误差称为偶然误差。偶然误差是由人力所不能控制的因素或无法估计的因素（如人眼的分辨率等）引起的，其数值的大小、符号的正负具有偶然性。例如用望远镜照准目标，由于大气的能见度和人眼的分辨率等因素使照准时有时偏左、有时偏右；在水准标尺上读数时，估读的毫米位有时偏大、有时偏小。

从单个偶然误差来看，其符号和大小没有任何规律性。但是，当进行多次观测对大量的

偶然误差进行统计分析发现，偶然误差具有如下特性：

1）在一定的观测条件下，偶然误差的绝对值不会超过一定限值。

2）绝对值小的误差出现的频率大，绝对值大的误差出现的频率小。

3）绝对值相等的正、负误差具有大致相等的频率。

4）当观测次数无限增大时，偶然误差的理论平均值趋近于零，即偶然误差具有抵偿性。

由于偶然误差具有抵偿性，因此增加观测次数，取其平均值可以减弱偶然误差的影响。

在测量实践中有时存在读错数、记错数等情况，由此产生的错误称为粗差。粗差是应该避免的。

1.3.4 精度指标

为了衡量观测结果的优劣，必须建立一套统一的精度标准。这里主要介绍以下几种。

（1）中误差 中误差用 m 表示，公式如下：

$$m = \pm \sqrt{\frac{\Delta_1^2 + \Delta_2^2 + \cdots + \Delta_n^2}{n}} = \pm \sqrt{\frac{[\Delta\Delta]}{n}} \tag{1-5}$$

式中 Δ_1，Δ_2，$\cdots$，Δ_n——测量误差；

n——测量次数。

m 为观测值的中误差，从式（1-5）中可以看出，如果测量误差大，中误差则大；测量误差小，中误差则小。一般来说中误差大，精度则低；中误差小，精度则高。

实际工作中往往不知道真值，无法计算 Δ，所以利用观测值计算算术平均值和改正数，再利用改正数来计算中误差。如果对一个量进行 n 次观测，观测值为 l_1，l_2，$\cdots$，l_n。则算术平均值 l、改正数 v 和中误差计算如下：

$$l = \frac{l_1 + l_2 + \cdots + l_n}{n} \tag{1-6}$$

$$v_i = l - l_i \tag{1-7}$$

$$m = \pm \sqrt{\frac{v_1^2 + v_2^2 + \cdots + v_n^2}{n-1}} = \pm \sqrt{\frac{[vv]}{n-1}} \tag{1-8}$$

（2）相对误差 中误差有时不能完全表达精度的优劣，例如分别测量了长度为 100m 和 200m 的两段距离中误差皆为 ±0.02m，显然不能认为两段距离测量精度相同。为此引入了相对误差的概念。相对误差 K 是中误差 m 的绝对值与相应观测值 D 的比值，常用分子为 1 的分式表示：

$$K = \frac{|m|}{D} = \frac{1}{\dfrac{D}{|m|}} \tag{1-9}$$

上例中如果用相对精度来衡量，则容易发现第二段距离比第一段距离测量精度高。

相对精度不能用于角度测量，因为角度测量误差与角度大小无关。

（3）极限误差 根据统计规律，大于 2 倍中误差的偶然误差出现的可能性约为 5%，大于 3 倍中误差的偶然误差出现的可能性约为 0.3%，所以一般取 2 倍中误差为允许误差，取 3 倍中误差为极限误差。

（4）误差传播律 在实际工作中，有些值不是直接测量出来的，而是计算出来的。对于如下线性函数：

$$Z = k_1 x_1 \pm k_2 x_2 \pm \cdots \pm k_n x_n \tag{1-10}$$

式中 k_1，k_2，$\cdots$，k_n——常数；

x_1，x_2，$\cdots$，x_n——独立观测值，其对应的中误差分别为 m_{x1}，m_{x2}，$\cdots$，m_{xn}。

函数 Z 的中误差为

$$m_Z = \pm\sqrt{k_1^2 m_{x1}^2 + k_2^2 m_{x2}^2 + \cdots + k_n^2 m_{xn}^2} \tag{1-11}$$

由式(1-6) 和式(1-8) 知算术平均值的中误差为

$$m_l = \pm\sqrt{\frac{1}{n^2}m_1^2 + \frac{1}{n^2}m_2^2 + \cdots + \frac{1}{n^2}m_n^2} = \pm\sqrt{\frac{m^2}{n}} = \pm\frac{m}{\sqrt{n}} = \pm\sqrt{\frac{[vv]}{n(n-1)}} \tag{1-12}$$

如果是非线性函数，应先线性化，再按式(1-11) 计算中误差。

【例 1-1】 某段距离共丈量 10 次，其值见表 1-1。计算算术平均值、观测值中误差、算术平均值中误差、相对误差。

表 1-1 距离丈量误差计算

序号	观测值/m	改正数/mm	vv	计 算
1	69.323	+1	1	算术平均值：
2	69.326	−2	4	$l = \dfrac{l_1 + l_2 + \cdots + l_{10}}{10} = 69.324(\text{m})$
3	69.324	0	0	
4	69.323	+1	1	观测值中误差：
5	69.325	−1	1	$m = \pm\sqrt{\dfrac{[vv]}{n-1}} = \pm 3.1(\text{mm})$
6	69.317	+7	49	
7	69.328	−4	16	算术平均值中误差：
8	69.322	+2	4	$m_l = \pm\dfrac{m}{\sqrt{n}} = \pm 1.0(\text{mm})$
9	69.325	−1	1	相对误差：
10	69.327	−3	9	$K = \dfrac{1}{\dfrac{D}{m_l}} = \dfrac{1}{69324}$
Σ	693.24	$[v]=0$	86	

1.3.5 测量工作的程序和原则

测量工作可大致分为内业和外业两部分。外业主要是室外进行的测量工作，如坐标测量、高程测量、测图、放线等；内业主要指室内进行的数据处理和绘图工作。

测量工作程序一般可分为获得项目或任务，收集并熟悉相关的资料，完成技术设计或编制测量方案，控制测量，测图、放线或变形观测等，技术总结，提交成果和数据资料等。

测量工作的原则之一是"由整体到局部"、"先控制后碎部"。测量工作原则之二是"前一步工作未做检核，不进行下一步工作"，保证工作步步有检核。

小结：本单元主要介绍建筑工程测量的任务、点位的坐标表示和测量误差的基本知识。

思考与练习

1. 简述建筑工程测量的任务。

2. 画图解释高程和高差。

3. 写出自己关心的城市所采用的坐标系有哪些特点。

4. 画图建立校园的独立坐标系。

5. 画图解释水平角、竖直角、水平距离。

6. 测量误差的来源有哪些?

7. 系统误差和偶然误差如何消除?

8. 评价测量结果的标准有哪些?

9. 比较观测值的中误差和算术平均值的中误差,写出结论。

10. 水平角测量时,一测回测角中误差为±8.5″,为了使测角精度不超过±4″,应至少测几测回?(提示:用 $m_\beta = \pm \dfrac{m}{\sqrt{n}}$ 计算,式中 $m = \pm 8.5″$,$m_\beta = \pm 4″$)

11. 以小组为单位,测量一固定距离(大于一个尺段),每人测一次。计算小组的算术平均值及其中误差、相对误差。

12. 如果水平角测量,一测回测角中误差为±3″,三角形的三个内角各测一测回,则闭合差的中误差是多少?(提示:$w = \beta_1 + \beta_2 + \beta_3 - 180°$,计算 m_w)

高程测量

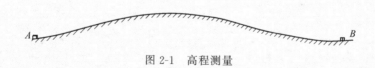

2.1　水准测量

高程和高差都是一段铅垂距离，前者是相对大地水准面而言，后者是相对相关点而言的。测量高差就可计算高程，常用方法有水准测量和三角高程测量。水准测量精度较高，是高程测量的主要方法。

2.1.1　水准测量的原理

如图 2-2(a) 所示，测量得泳池 A、B 两点水深分别为 1.5m 和 1.1m，可知 B 点比 A

10

点高 0.4m，该值就是两点高差。量水深可得两点高差原因，其一是两尺与水面交点 M、N 连线水平，两点等高，其二则是尺直且可读数。水准测量原理与此相似。如图 2-2(b) 中所示，水准仪的水平视线可使 M、N 连线水平，水准标尺可立直且读出 A 点读数 a 和 B 点读数 b。水准测量时，若从 A 到 B 进行，a 称为后视读数，b 称为前视读数；则：

高差	$h_{AB}=a-b$	(2-1)
B 点高程	$H_B=H_A+h_{AB}$	(2-2)
视线高	$H_i=H_A+a$	(2-3)
B 点高程	$H_B=H_i-b$	(2-4)

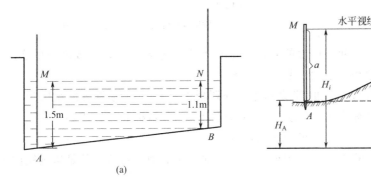
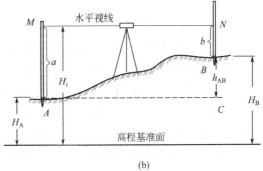

图 2-2　水准测量原理

2.1.2　水准测量的仪器和工具

水准测量所使用的仪器为水准仪，工具为水准尺和尺垫，用来测量地面间两点的高差。

水准仪按其精度可分为 DS_{05}、DS_1、DS_3 以及 DS_{10} 四个等级。"D"、"S"分别是"大地测量"、"水准仪"两个汉语拼音的第一个字母，数字"05"、"1"、"3"和"10"用来表示该仪器进行水准测量时，每千米往返观测得到的高差中数的偶然中误差。水准仪有光学水准仪和电子水准仪两种类型。在土木工程测量中，DS_3 水准仪是目前广泛使用的水准仪。

（1）DS_3 水准仪的构造　水准仪是能够提供水平视线，并能够照准水准尺进行读数的仪器，主要由望远镜、水准器和基座三部分构成。DS_3 水准仪的外形和各部件名称见图 2-3。

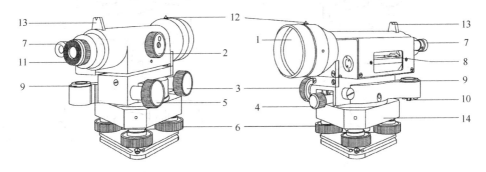

图 2-3　DS_3 水准仪的构造

1—物镜；2—物镜调焦螺旋；3—微动螺旋；4—制动螺旋；5—微倾螺旋；6—脚螺旋；

7—管水准器观察窗；8—管水准器；9—圆水准器；10—圆水准器校正螺钉；

11—目镜；12—准星；13—照门；14—基座

1）望远镜 是构成水平视线、瞄准目标和在水准尺上读数的主要部件。它主要由物镜、目镜、调焦透镜和十字丝分划板等构成，如图 2-4 所示。

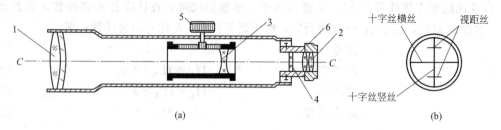

图 2-4　望远镜的构造

1—物镜；2—目镜；3—调焦透镜；4—十字丝分划板；5—物镜调焦螺旋；6—目镜调焦螺旋

物镜的作用是和调焦透镜一起将远处的目标成像在十字丝分划板上，形成缩小的实像；目镜的作用是将物镜所成的像和十字丝一起放大成像。

十字丝分划板是一块刻有分划线的玻璃薄片，分划板上互相垂直的两条长丝称为十字丝，纵丝也称为竖丝，横丝也称为中丝，竖丝与横丝是用来照准目标和读数用的。在横丝的上下还有两条对称的短丝称为视距丝，可用来测定距离。

十字丝的交点和物镜光心的连线称为望远镜的视准轴。视准轴的延长线就是望远镜的观测视线。

2）水准器 水准器是测量人员判断水准仪安置是否正确的重要装置。水准仪上通常装置有圆水准器和管水准器两种。

① 圆水准器 圆水准器装在仪器的基座上，用来对水准仪进行粗略整平。如图 2-5 所示，圆水准器内有一个气泡，它是将加热的酒精和乙醚的混合液注满后密封，液体冷却后收缩形成一个空间，即形成了气泡。圆水准器顶面的内表面是球面，其中央有一个圆圈，圆圈的圆心称圆水准器的零点，连接零点与球心的直线称为圆水准器轴，当圆水准器气泡中心与零点重合时，表示气泡居中，此时圆水准器轴处于铅垂位置。圆水准器的气泡每移动 2mm，圆水准器轴相应倾斜的角度 τ 称为圆水准器分划值，一般为 $8' \sim 10'$，由于精度低，所以圆水准器一般用于仪器的粗略整平。

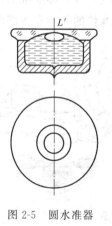

图 2-5　圆水准器

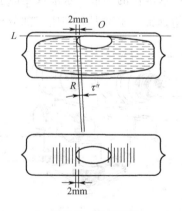

图 2-6　管水准器

② 管水准器 如图 2-6 所示，管水准器的玻璃管内壁为圆弧，圆弧的中心点称为水准管的零点。通过零点与圆弧相切的切线 L 称为水准管轴。当气泡中心与零点重合时称为

气泡居中，此时水准管轴 L 处于水平位置。管水准器内壁弧长 2mm 所对应的圆心角 τ 称为水准管的分划值，DS$_3$ 水准仪的水准管分划值为 20″。水准管分划值愈小，灵敏度愈高，用来整平仪器精度也愈高。因此管水准器的精度比圆水准器的精度高，适用于仪器的精确整平。

为了提高水准管气泡居中精度，DS$_3$ 水准仪在管水准器的上方安装了一组复合棱镜，如图 2-7(a) 所示。这样可使水准管气泡两端的半个气泡的影像通过棱镜的几次折射，最后在目镜旁的观察小窗内看到。当两端的半个气泡影像错开时 [图 2-7(b)]，表示气泡没有居中，需转动微倾螺旋使两端的半个气泡影像相符，则表示气泡居中 [图 2-7(c)]。这种具有棱镜装置的管水准器称为符合水准器，它能提高气泡居中的精度。

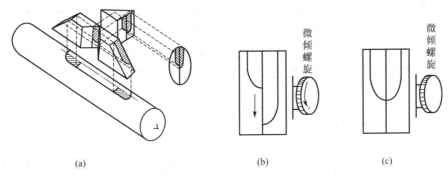

(a)　　　　　　　　　　　　(b)　　　　　　　　　　　(c)

图 2-7　水准管的符合棱镜系统

③ 基座　主要由轴座、脚螺旋、底板和三角压板构成，如图 2-3 所示。基座的作用是支撑仪器上部，即将仪器的竖轴插入轴座内旋转。基座上有三个脚螺旋，用来调节圆水准使气泡居中，从而使竖轴处于竖直位置，将仪器粗略整平。底板通过连接螺旋与下部三脚架相连。

（2）水准尺和尺垫

1）水准尺　是水准测量的重要工具，其质量好坏直接影响水准测量的准确度。常用的水准尺有双面水准尺（直尺）、折尺和塔尺三种，如图 2-8 所示。

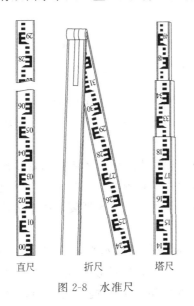

直尺　　折尺　　塔尺

图 2-8　水准尺

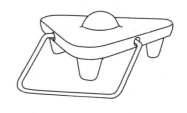

图 2-9　尺垫

折尺和塔尺常用于图根水准测量。水准尺的尺底为零点，尺上黑、白格相间，每格宽度为 1cm 或 0.5cm，每分米有一位数字注记。立尺时应注意将尺的零点接触立尺点。

双面水准尺一般选用干燥的优质木材制成。它的两面都有分划，一面为黑白格相间，称为黑面尺（主尺），另一面为红白格相间，称为红面尺（副尺）。双面尺必须成对使用。黑面尺分划的起始数字为零，而红面尺起始数字则为 4.687m 或 4.787m。

2）尺垫　如图 2-9 所示，尺垫一般由生铁铸成，下部有三个尖足点，可以踩入土中固定尺垫；中部有凸出的半球体，作为临时转点的点位标志供竖立水准尺用。在水准测量中，尺垫踩实后再将水准尺放在尺垫顶面的半球体上，可防止水准尺下沉。

2.1.3　水准仪的使用

水准仪的技术操作按以下四个步骤进行：粗平、照准、精平、读数。

（1）粗平　粗平要使圆水准器气泡居中，使仪器竖轴处于铅垂位置，可通过移动脚架完成，如图 2-10(a) 所示，左手扶住架腿 3，右手握住架腿 1，圆水准器气泡相对于架腿 1 有 4 个标准位置，位置 1 时向外拉架腿 1，位置 2 时向里推架腿 1，位置 3 时向里扭架腿 1，位置 4 时向外扭架腿 1，粗平过程中架腿 2、3 始终保持不动，架腿 1 调节时不可离地太高。

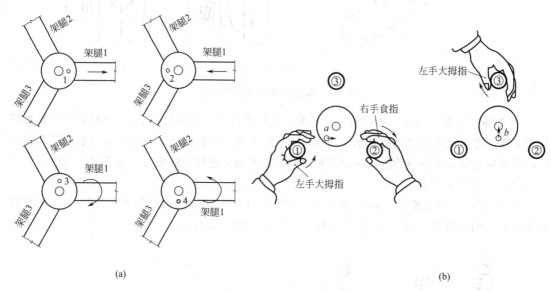

(a)　　　　　　　　　　　　　　　　　　　　　　(b)

图 2-10　水准仪粗平

粗平也可以调节脚螺旋完成，具体做法如图 2-10(b) 所示：用两手同时以相对方向分别转动任意两个脚螺旋，此时气泡移动的方向和左手大拇指旋转方向相同，然后再转动第三个脚螺旋使气泡居中。可以将两种方法结合使用。

（2）照准　即用望远镜照准水准尺，清晰地看清目标和十字丝。当眼睛靠近目镜上下微微晃动时，物像随着眼睛的晃动也上下移动，这就表明存在着视差。有视差就会影响照准和读数精度。消除视差的方法是仔细且反复交替地调节目镜和物镜对光螺旋，使十字丝和目标影像共面，且同时都十分清晰。

（3）精平　即转动微倾螺旋将水准管气泡居中，使视线精确水平，其做法是：慢慢转动微倾螺旋，使观察窗中符合水准气泡的影像符合。左侧影像移动的方向与右手大拇指转动方向相同。由于气泡影像移动有惯性，在转动微倾螺旋时要慢、稳、轻，速度不宜太快。

（4）读数　即在视线水平时，用望远镜十字丝的横丝在尺上读数。读数前要认清水准尺的刻画特征，成像要清晰稳定。为了保证读数的准确性，读数时要按由小到大的方向，先估读毫米数，再读出米、分数、厘米数。图 2-11 所示的读数为 1.332m。

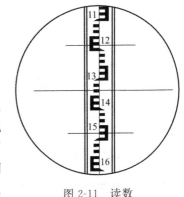

图 2-11　读数

2.1.4　水准测量的实施

（1）水准点和水准路线

1）水准点　为了统一全国高程系统和满足科学研究、各种比例尺测图和工程建设的需要，测绘部门在全国各地埋设了许多固定的测量标志，并用水准测量的方法测定了它们的高程，这些标志称为水准点（bench mark），常用 BM 表示。水准点有永久性水准点和临时性水准点两种。永久性水准点一般用石料或混凝土制成，深埋在地面冻土线以下，如图 2-12 所示。其顶面嵌入一个金属或瓷质的水准标志，标志中央半球形的顶点表示水准点的高程位置。有的永久性水准点埋设在稳固建筑物的墙脚上，称为墙上水准点。

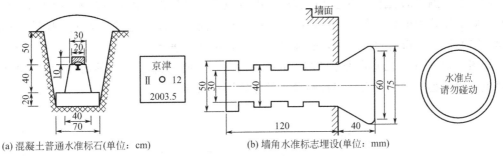

(a) 混凝土普通水准标石(单位：cm)　　　(b) 墙角水准标志埋设(单位：mm)

图 2-12　水准点

为了便于以后寻找和使用，每一水准点都应绘制水准点附近的地形草图，标明点位到附近两处明显、稳固地物点的距离，水准点应注明点号、等级、高程等情况，称为点之记。

2）水准路线　在水准测量中，为了避免观测、记录和计算中发生粗差，并保证测量成果能达到一定的精度要求，必须布设某种形式的水准路线，利用一定条件来检核所测成果的正确性。在一般的工程测量中，水准路线有三种形式。

① 附合水准路线　如图 2-13 所示，BM_1、BM_2 为两个已知水准点，现需求得 1、2、3 点的高程。水准路线从已知水准点 BM_1（起始点）出发，经待定点 1、2、3 附合到另一已知水准点 BM_2（终点）上，这样的水准路线称为附合水准路线。路线中各段高差的代数和理论上应等于两个水准点之间的高差，即

$$\sum h_{\text{理}} = H_{\text{终}} - H_{\text{始}} \tag{2-5}$$

由于观测误差不可避免，实测的高差与已知高差一般不可能完全相等，其差值称为高差闭合差 f_h，即

$$f_h = \sum h_{\text{测}} - (H_{\text{终}} - H_{\text{始}}) \tag{2-6}$$

② 闭合水准路线　如图 2-14 所示，由 BM_5 出发，沿环线进行水准测量，最后回到原水准点 BM_5 上，称为闭合水准路线。显然，式(2-5)中的 $H_{\text{终}} - H_{\text{始}} = 0$，则路线上各点之间高差的代数和应等于零，即

$$\sum h_{\text{理}} = 0 \tag{2-7}$$

若不等于零，则高差闭合差为

$$f_h = \sum h_{测}$$ (2-8)

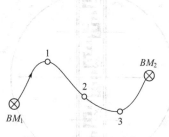

图 2-13　附合水准路线

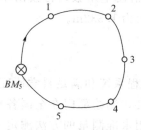

图 2-14　闭合水准路线

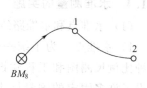

图 2-15　支水准路线

③ 支水准路线　如图 2-15 所示，1、2 点为未知高程点，由一水准点 BM_8 出发，既不附合到其他水准点上，也不自行闭合，称之为支水准路线。支水准路线要进行往返观测，其检核条件为 $\sum h_{往} + \sum h_{返} = 0$，即高差闭合差为

$$f_h = \sum h_{往} + \sum h_{返}$$ (2-9)

（2）水准测量的实施　当已知高程的水准点距欲测定高程点较远或高差很大时，就需要在两点间加设若干个立尺点，分段设站，连续进行观测。加设的这些立尺点并不需要测定其高程，它们只起传递高程的作用，故称之为转点，用 TP 表示。

如图 2-16 所示，已知水准点 BM_A 的高程为 H_A，现欲测定 B 点的高程 H_B，由于 A、B 两点相距较远，需分段设站进行测量，具体施测步骤如下。

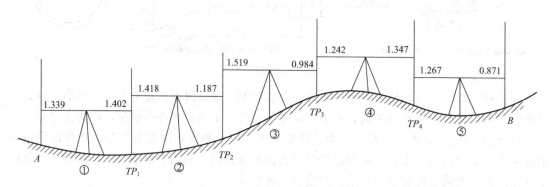

图 2-16　水准测量的施测

1）观测与记录。

① 在 BM_A 点立直水准尺作为后视尺，在路线前进方向适当位置处设转点 TP_1，安放尺垫，在尺垫上立直水准尺作为前视尺。

② 在 BM_A 点和 TP_1 两点中间位置①处安置水准仪，使圆水准器气泡居中。

③ 瞄准后视尺，转动微倾螺旋，使水准管气泡严格居中，按中丝读取后视读数 $a_1 = 1.339\text{m}$，记入"水准测量手簿"（表 2-1 第 3 栏内）。

④ 瞄准前视尺，转动微倾螺旋，使水准管气泡严格居中，读取前视读数 $b_1 = 1.402\text{m}$，记入表 2-1 第 4 栏内。计算该站高差 $h_1 = a_1 - b_1 = -0.063\text{m}$，记入表 2-1 第 6 栏内。

⑤ 将 BM_A 点水准尺移至转点 TP_2 上，转点 TP_1 上的水准尺不动，水准仪移至 TP_1 和 TP_2 两点中间位置②处，按上述相同的操作方法进行第二站的观测。如此依次操作，直至终点 B 为止。其观测记录见表 2-1。

表 2-1　水准测量手簿

测　站	站　点	水准尺读数/m		高差/m		高程/m	备　注
		后视读数	前视读数	＋	－		
1	BM_A	1.339			0.063	51.903	
	TP_1		1.402				
2	TP_1	1.418		0.231			
	TP_2		1.187				
3	TP_2	1.519		0.535			已知 A
	TP_3		0.984				点高程
4	TP_3	1.242			0.105		
	TP_4		1.347				
5	TP_4	1.267		0.396			
	BM_B		0.871			52.897	
	Σ	6.785	5.791	0.994			
计算 校核		$\Sigma a - \Sigma b = +0.994\text{m}$ $\Sigma h = +0.994\text{m} \qquad H_B - H_A = +0.994\text{m}$					

2）计算与计算检核。

① 每一测站都可测得前、后视两点的高差，即

$$h_1 = a_1 - b_1$$
$$h_2 = a_2 - b_2$$
$$\cdots$$
$$h_5 = a_5 - b_5$$

将上述各式相加，得

$$h_{AB} = \Sigma h = \Sigma a - \Sigma b$$

则 B 点高程为

$$H_B = H_A + h_{AB} = H_A + \Sigma h$$

② 计算检核。为了保证记录表中数据正确，应对记录表中计算的高差和高程进行检核，即后视读数总和与前视读数总和之差、高差总和、B 点高程与 A 点高程之差，这三个数字应相等。否则，计算有错。例如表 2-1 中：

$$\Sigma a - \Sigma b = 6.785\text{m} - 5.791\text{m} = +0.994\text{m}$$
$$\Sigma h = +0.994\text{m}$$
$$H_{AB} = H_B - H_A = 52.897\text{m} - 51.903\text{m} = +0.994\text{m}$$

3）水准测量的测站检核。如上所述，B 点的高程是根据 A 点的已知高程和转点之间的高差计算出来的。如果中间测错任何一个高差，B 点的高程就不正确。因此，对每一站的高差，为了保证其正确性，必须进行检核，这种检核称为测站检核。测站检核通常采用变动仪器高法或双面尺法。

① 变动仪器高法。此法是在同一个测站上用两次不同的仪器高度，测得两次高差进行检核。即测得第一次高差后，改变仪器高度（大于 10cm），再测一次高差。两次所测高差之差不超过容许值（例如等外水准测量容许值为 ±6mm），则认为符合要求。取其平均值作为

该测站最后结果，否则须重测。

② 双面尺法。此法是仪器的高度不变，而分别对双面水准尺的黑面和红面进行观测。这样可以利用前、后视的黑面和红面读数，分别算出两个高差。在理论上这两个高差应相差 100mm（同为一对双面尺的尺常数分别为 4.687m 和 4.787m），如果不符值不超过规定的限差（例如四等水准测量容许值为 ±5mm），取其平均值作为该测站最后结果，否则须重测。

2.1.5 水准测量的成果计算

水准测量成果计算之前，必须对外业观测手簿进行认真的检查，计算各点间的高差。经检查无误后，方可进行成果的计算。

（1）水准测量的精度要求　工程中不同等级的水准测量，对高差闭合差的限差有不同的要求，等外水准测量的高差闭合差允许值规定为

$$\text{平原微丘区} \qquad f_{h容} = \pm 40\sqrt{L} \qquad (2\text{-}10)$$

$$\text{山岭重丘区} \qquad f_{h容} = \pm 12\sqrt{n} \qquad (2\text{-}11)$$

式中　L——水准路线长度，以 km 为单位；

n——水准路线中总的测站数。

若高差闭合差在允许误差范围之内时，认为外业观测成果合格；若超过允许误差范围时，应查明原因进行重测，直到符合要求为止。

当地形起伏较大，每 1km 水准路线超过 16 个测站时，按山地计算容许闭合差。施测时，如设计单位根据工程性质提出具体要求时，应按要求精度施测。

（2）高差闭合差的分配和高程计算　当 f_h 的绝对值小于 $f_{h容}$ 时，说明观测成果合格，可以进行高差闭合差分配、高差改正和高程计算。

在同一条水准路线上，使用相同的仪器工具和相同的测量方法，可以认为各测站产生误差的机会是相等的，因此，高差闭合差可按与测段的测站数 n（或距离 l_i）相反数成正比例分配到各测段的高差中，即高差改正数为

$$\text{按距离} \qquad V_i = -\frac{f_h}{\sum l} \times l_i \qquad (2\text{-}12)$$

$$\text{按测站数} \qquad V_i = -\frac{f_h}{\sum n} \times n_i \qquad (2\text{-}13)$$

$$\sum V = -f_h \qquad (2\text{-}14)$$

将所测高差加上所对应的改正数即得到改正后的高差。利用已知高程和改正后的高差，按高差的方向计算各点高程。

（3）计算实例

1）附合水准路线成果计算　图 2-17 是一附合水准路线等外水准测量示意图，A、B 为已知高程的水准点、1、2、3 为待定高程的水准点。现已知 $H_A = 45.286m$，$H_B =$

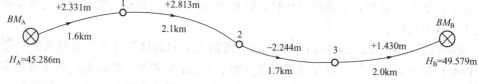

图 2-17　附合水准路线示意图

49.579m，各测段长度及高差均注于图 2-17 中，计算步骤如下，成果计算见表 2-2。

① 填写观测数据和已知数据。依次将图 2-17 中点号、测段水准路线长度、观测高差及已知水准点 A、B 的高程填入附合水准路线成果计算表中有关各栏内，如表 2-2 所示。

② 计算高差闭合差。用式 (2-6) 计算附合水准路线高差闭合差：

$$f_h = \sum h - (H_{终} - H_{起}) = 4.330m - (49.579m - 45.286m) = +0.037m = 37mm$$

由式 (2-10) 知，图根水准测量平地高差闭合差容许值的计算公式为

$$f_{h容} = \pm 40\sqrt{L} = \pm 40\sqrt{7.4} \, mm = \pm 109mm$$

因 $f_h < f_{h容}$，说明观测成果精度符合要求，可对高差闭合差进行调整。若 $f_h > f_{h容}$，说明观测成果不符合要求，必须重新测量。

③ 调整高差闭合差。高差闭合差调整的原则和方法，是按与测站数或测段长度成正比例的原则，将高差闭合差反号分配到各相应测段的高差上，得改正后高差。本例中用式 (2-12) 按测段长度来分配。

本例中，各测段改正数为

$$v_1 = -(f_h / \sum l) \times l_1 = -(37mm/7.4km) \times 1.6km = -8mm$$
$$v_2 = -(f_h / \sum l) \times l_2 = -(37mm/7.4km) \times 2.1km = -11mm$$
$$v_3 = -(f_h / \sum l) \times l_3 = -(37mm/7.4km) \times 1.7km = -8mm$$
$$v_4 = -(f_h / \sum l) \times l_4 = -(37mm/7.4km) \times 2.0km = -10mm$$

计算检核：
$$\sum v_i = -f_h$$

将各测段高差改正数填入表 2-2 中第 4 栏内。

④ 计算各测段改正后高差。各测段改正后高差等于各测段观测高差与相应的改正数之和；各测段改正数的总和应与高差闭合差的大小相等、符号相反，如果绝对值不等则说明计算有误。每测段高差加相应的改正数便得到改正后的高差值。

本例中，各测段改正后高差为

$$h_1 = +2.331m + (-0.008m) = +2.323m$$
$$h_2 = +2.813m + (-0.011m) = +2.802m$$
$$h_3 = -2.244m + (-0.008m) = -2.252m$$
$$h_4 = +1.430m + (-0.010m) = +1.420m$$

计算检核：$\sum v_i = 37mm$ $-f_h = -(-37mm) = 37mm$

将各测段改正后高差填入表 2-2 中第 5 栏内。

⑤ 计算待定点高程。根据已知水准点 A 的高程和各测段改正后高差，即可依次推算出各待定点的高程，最后推算出的 B 点高程应与已知的 B 点高程相等，以此作为计算检核。将推算出各待定点的高程填入表 2-2 中第 6 栏内。

2）闭合水准路线成果计算　闭合水准路线与附合水准路线基本相同，计算时注意高差闭合差计算公式为

$$f_h = \sum h_{测}$$

3）支水准路线成果计算。

两组并测　　　　　$$f_h = \sum h_1 - \sum h_2$$

往返测　　　　　　$$f_h = \sum h_{往} + \sum h_{返}$$

注意：高差闭合差容许值计算中的根号下的路线长和测站数均以单程计算。

表 2-2 附合水准路线成果计算表

点号	距离/m	实测高差/m	改正数/mm	改正后高差/m	高程/m
BM_A					45.286
	1.6	+2.331	-8	+2.323	
1					47.609
	2.1	+2.813	-11	+2.802	
2					50.411
	1.7	-2.244	-8	-2.252	
3					48.159
	2.0	+1.430	-10	+1.420	
BM_B					49.579
Σ	7.4	+4.330	-37	+4.293	
辅助计算	$f_h = \Sigma h - (H_B - H_A) = 4.330\text{m} - (49.579\text{m} - 45.286\text{m}) = +0.037\text{m} = 37\text{mm}$ $f_{h容} = \pm 40\sqrt{L} = \pm 40\sqrt{7.4}\text{mm} = \pm 109\text{mm}; f_h < f_{h容}$				

2.1.6 三、四等水准测量

（1）三、四等水准测量的技术要求 三、四等水准测量除应用于国家级高程控制网的加密外，还常用于建立小地区首级高程控制。三、四等水准测量线路中已知点的高程一般引自国家一、二等水准点。多采用附合水准路线或结点水准网。三、四等水准点应选在土质坚硬并便于长期保存和使用方便的地方。所有的水准点都应绘"点之记"图，并埋设好水准标石，以便于观测时寻找和使用。一个测区一般至少埋设三个以上水准点。水准点的间距一般为 1～1.5km，山岭重丘区可根据需要适当加密。

三、四等水准测量的主要技术要求应符合表 2-3 的规定。水准观测应在水准点标石埋设稳定后进行，观测精度除了对仪器的技术参数有具体规定之外，对观测程序、操作方法、视线长度都有严格的技术指标，其主要技术要求应符合表 2-4 的规定。

表 2-3 水准测量主要技术指标

等级	每千米高差中数中误差/mm	附合路线长度/km	水准仪的级别	测段往返测高差不符值/mm	附合路线或环线闭合差/mm
二等	≤±2	400	DS_1	≤±4$\sqrt{R}$	≤±4$\sqrt{L}$
三等	≤±6	45	DS_3	≤±12$\sqrt{R}$	≤±12$\sqrt{L}$
四等	≤±10	15	DS_3	≤±20$\sqrt{R}$	≤±20$\sqrt{L}$
图根	≤±20	8	DS_{10}	—	≤±40$\sqrt{L}$

注：R 为测段长度，km；L 为附合或环线长度，km。

表 2-4 三、四等水准测量测站技术要求

等级	视线长度/m	前后视距差/m	前后视距累计差/mm	红、黑面读数差/mm	红、黑面所测高差之差/mm
三等	≤65	≤3	≤6	≤2	≤3
四等	≤80	≤5	≤10	≤3	≤5

（2）三、四等水准测量施测方法　三、四等水准测量观测应在通视良好、望远镜成像清晰及稳定的情况下进行。下面介绍双面尺法的观测程序。

1）一个测站上的观测顺序。

① 在测站上安置水准仪，使圆水准气泡居中，后视水准尺黑面，用上、下视距丝读数，记入表 2-5 中（1）、（2）位置；旋转微倾螺旋，使管水准气泡居中，用中丝读数，记入表中（3）位置。

表 2-5　三、四等水准测量观测手簿

测站编号	点号	后尺	上丝	前尺	上丝	方向及尺号	水准尺读数		K+黑－红 /mm	平均高差 /m
			下丝		下丝		黑面	红面		
		后视距/m		前视距/m						
		视距差 d		∑d						
		(1)		(4)		后尺	(3)	(8)	(14)	
		(2)		(5)		前尺	(6)	(7)	(13)	
		(9)		(10)		后-前	(15)	(16)	(17)	(18)
		(11)		(12)						
1	BM₂-TP₁	1426		0801		后 106	1211	5998	0	
		0995		0371		前 107	0586	5273	0	
		43.1		43.0		后-前	+0.625	+0.725	0	+0.6250
		+0.1		+0.1						
2	TP₁-TP₂	1812		0570		后 107	1554	6241	0	
		1296		0052		前 106	0311	5097	+1	
		51.6		51.8		后-前	+1.243	+1.144	-1	+1.2435
		-0.2		-0.1						
3	TP₂-TP₃	0889		1713		后 106	0698	5486	-1	
		0507		1333		前 107	1523	6210	0	
		38.2		38.0		后-前	-0.825	-0.724	-1	-0.8245
		+0.2		+0.1						
4	TP₃-BM₁	1891		0758		后 107	1708	6395	0	
		1525		0390		前 106	0574	5361	0	
		36.6		36.8		后-前	+1.134	+1.034	0	+1.134
		-0.2		-0.1						
检核计算		∑(9)=169.5 ∑(10)=169.6 ∑(9)-∑(10)=-0.1 ∑(9)+∑(10)=339.1				∑(3)=5.171 ∑(6)=2.994 ∑(15)=+2.177 ∑(15)+∑(16)=+4.356		∑(8)=24.120 ∑(7)=21.941 ∑(16)=+2.179 2∑(18)=+4.356		

② 前视水准尺黑面，用上、下视距丝读数，记入表中（4）、（5）位置；旋转微倾螺旋，使管水准气泡居中，用中丝读数，记入表中（6）位置。

③ 前视水准尺红面，旋转微倾螺旋，使管水准气泡居中，用中丝读数，记入表中（7）位置。

④ 后视水准尺红面，旋转微倾螺旋，使管水准气泡居中，用中丝读数，记入表中（8）位置。

以上观测顺序简称为"后、前、前、后"。

2）测站计算与检核。

① 视距计算与检核。根据前、后视的上、下丝读数计算前、后视的视距，即表中（9）和（10）：后视距离（9）$=\dfrac{(1)-(2)}{10}$；前视距离（10）$=\dfrac{(4)-(5)}{10}$；计算前、后视距差

（11）＝（9）－（10）。

对于三等水准，（11）不超过 3m；对于四等水准，（11）不超过 5m。

计算前、后视视距累计差（12）＝上站（12）＋本站（11）。

对于三等水准，（12）不超过 6m；对于四等水准，（12）不超过 10m。

② 水准尺读数检核。同一水准尺黑面与红面读数差的检核：（13）＝（6）＋K－（7）；（14）＝（3）＋K－（8）。K 为双面水准尺的红面分划与黑面分划的零点差（本例中，106 尺的 $K＝4787mm$，107 尺的 $K＝4687mm$）。

对于三等水准，（13）、（14）不超过 2mm；对于四等水准，（13）、（14）不超过 3mm。

③ 高差计算与检核。按前、后视水准尺红、黑面中丝读数分别计算一个测站高差：黑面高差（15）＝$\dfrac{(3)-(6)}{1000}$；红面高差（16）＝$\dfrac{(8)-(7)}{1000}$；红黑面高差之差（17）＝（15）－[（16）±0.1]＝（14）－（13）。

对于三等水准，（17）不超过 3mm；对于四等水准，（17）不超过 5mm。

红、黑面高差之差在容许范围以内时，取其平均值作为该站的观测高差：（18）＝[（15）＋（16）]/2。

④ 每页水准测量记录计算检核。

高差检核：
$$\sum(3)-\sum(6)=\sum(15)$$
$$\sum(8)-\sum(7)=\sum(16)$$
$$\sum(15)+\sum(16)=2\sum(18)$$

视距差检核：$\sum(9)-\sum(10)=$ 本页末站（12）－前页末站（12）。

本页总视距：$\sum(9)+\sum(10)$。

2.2 三角高程测量

当地形高低起伏、两点间高差较大而不便于进行水准测量时，可以使用三角高程测量（trigonometric leveling）的方法测定两点间的高差和点的高程。

根据测量距离方法的不同，三角高程测量又分为光电测距三角高程测量和经纬仪三角高程测量，前者可以代替四等水准测量，后者主要用于山区图根高程控制。

2.2.1 三角高程测量的原理

三角高程测量是根据两点间的水平距离（或倾斜距离）和竖直角（同一竖直面内，目标视线与水平线的夹角）计算两点间的高差，再计算所求点的高程。

如图 2-18 所示，已知 A 点高程 H_A，欲测定 B 点高程 H_B，可在 A 点安置经纬仪，在 B 点竖立标志，用望远镜中丝瞄准标志的顶部，测得竖直角 α，量取仪器横轴至地面点的高度 i（仪器高）和觇标高 ν。

如果已经测定 AB 之间的水平距离 D，则可算出 AB 两点间的高差为

$$h_{AB}=D\tan\alpha+i-\nu \tag{2-15}$$

如果用光电测距仪测定两点间的斜距 S，则 AB 间的高差计算公式为

$$h_{AB}=S\sin\alpha+i-\nu \tag{2-16}$$

由此可计算 B 点的高程为

$$H_B=H_A+h_{AB}$$

建筑工程测量

22

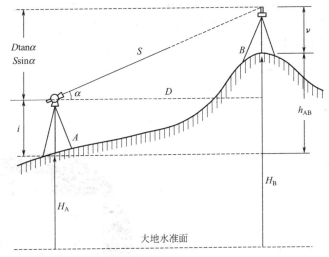

图 2-18　三角高程测量原理

2.2.2　光学经纬仪的构造及度盘读数

经纬仪是测量角度的仪器，有光学经纬仪和电子经纬仪两大类。按测角精度的不同，我国把经纬仪分为 DJ_{07}、DJ_1、DJ_2、DJ_6 等不同级别。其中，"D"、"J"分别是"大地测量"、"经纬仪"两个汉语拼音第一个字母，数字"07"、"1"、"2"、"6"表示该级别仪器所能达到的测量精度指标（数字表示此精度级别的经纬仪一测回方向观测中误差的秒值）。

目前，在一般的建筑工程测量中使用较多的是光学经纬仪，在工程上最常用的是 DJ_6 光学经纬仪。本节重点介绍 DJ_6 经纬仪的构造及操作使用。

（1）DJ_6 光学经纬仪的结构　光学经纬仪（图 2-19）由基座（tribrach）、水平度盘（horizontal circle）和照准部（alidade）三部分组成，如图 2-20 所示。

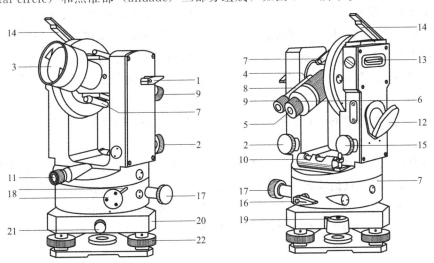

图 2-19　经纬仪构造

1—望远镜制动螺旋；2—望远镜微动螺旋；3—物镜；4—物镜调焦螺旋；5—目镜；6—目镜调焦螺旋；7—光学瞄准器；
8—度盘读数显微镜；9—度盘读数显微镜调焦螺旋；10—照准部管水准器；11—光学对中器；12—度盘照明
反光镜；13—竖盘指标管水准器；14—竖盘指标管水准器观察反射镜；15—竖盘指标管水准器
微动螺旋；16—水平方向制动螺旋；17—水平方向微动螺旋；18—水平度盘变换螺旋
与保护卡；19—基座圆水准器；20—基座；21—轴套固定螺旋；22—脚螺旋

23

① 基座。其上有三个脚螺旋，一个圆水准气泡，用来粗平仪器。水平度盘旋转轴套套在竖轴套外围，拧紧轴套固定螺旋，可将仪器固定在基座上；旋松该螺旋，可将经纬仪水平度盘连同照准部从基座中拔出。

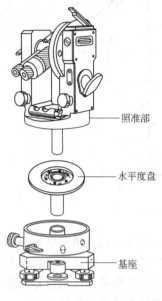

图 2-20 经纬仪组成

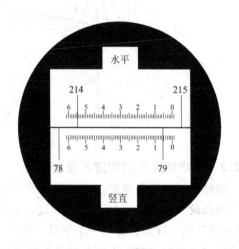

图 2-21 经纬仪读数

② 水平度盘。是一个圆环形的光学玻璃盘片，盘片边缘刻划并按顺时针注记有 0°～360°的角度数值。

③ 照准部。是水平度盘之上，能绕其旋转轴旋转的全部部件的总称，它包括竖轴、U 形支架、望远镜、横轴、竖直度盘、管水准器、竖盘指标管水准器（vertical index bubble tube）和读数装置等。照准部的旋转轴称为仪器竖轴，竖轴插入基座内的竖轴轴套中旋转；照准部在水平方向的转动，由水平制动、水平微动螺旋控制；望远镜在纵向的转动，由望远镜制动、望远镜微动螺旋控制；竖盘指标管水准器的微倾运动由竖盘指标管水准器微动螺旋控制；照准部上的管水准器，用于精平仪器。

（2）DJ$_6$ 光学经纬仪的读数装置及读数方法 光学经纬仪的读数设备包括度盘、光路系统和测微器。

水平度盘和竖直度盘上的分划线，通过一系列棱镜和透镜成像显示在望远镜旁的读数显微镜内。DJ$_6$ 光学经纬仪的读数装置可以分为测微尺读数和单平板玻璃读数两种。

注记有"水平"（有些仪器为"Hz"或"⊥"）字样窗口的像是水平度盘分划线及其测微尺的像，注记有"竖直"（有些仪器为"V"或"—"）字样窗口的像是竖直度盘分划线及其测微尺的像。

读数方法：以测微尺上的"0"分划线为读数指标，"度"数由落在测微器上的度盘分划线的注记读出，测微尺的"0"分划线与度盘上的"度"分划线之间的、小于 1°的角度在测微尺上读出；最小读数可以估读到测微尺上 1 格的十分之一，即为 0.1′或 6″。

图 2-21 所示的水平度盘读数为 214°54.7′，竖直度盘读数为 79°05.5′。

测微尺读数装置的读数误差为测微尺上一格的十分之一，即 0.1′或 6″。

2.2.3 经纬仪的使用与竖直角测量

（1）经纬仪的安置 包括对中（centering）和整平（leveling），其目的是使仪器竖轴位于过测站点的铅垂线上，从而使水平度盘和横轴处于水平位置，竖直度盘位于铅垂平面内。对中的方式有垂球对中（plumb bob centering）和光学对中（optical centering）两种，整平分粗平和精平。

粗平是通过伸缩脚架腿或旋转脚螺旋使圆水准气泡居中，其规律是圆水准气泡向伸高脚架腿的一侧移动，或圆水准气泡移动方向与用左手大拇指和右手食指旋转脚螺旋的方向一致。精平是通过旋转脚螺旋使管水准气泡居中，要求分别转动照准部使管水准器轴旋至相互垂直的两个方向上使气泡居中，其中一个方向应与任意两个脚螺旋中心的连线方向平行。如图 2-22 所示。

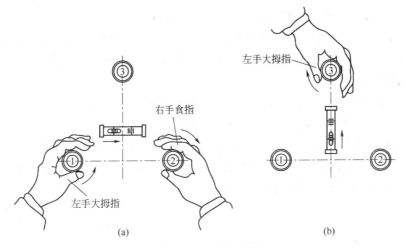

图 2-22 经纬仪精平

经纬仪安置的操作程序如下。

① 打开三脚架腿，调整好其长度使脚架高度适合于观测者的高度。

② 张开三脚架，将其安置在测站上，使架头大致水平。

③ 从仪器箱中取出经纬仪放置在三脚架头上，并使仪器基座中心基本对齐三脚架头的中心，旋紧连接螺旋后，即可进行对中整平操作。

可以使用垂球对中或光学对中器对中进行经纬仪安置操作。

1）使用垂球对中法安置经纬仪 将垂球挂在连接螺旋中心的挂钩上，调整垂球线长度使垂球尖略高于测站点。

① 粗对中与粗平：平移三脚架（应注意保持三脚架头面基本水平），使垂球尖大致对准测站点的中心，将三脚架的脚尖踩入土中。

② 精对中：稍微旋松连接螺旋，双手扶住仪器基座，在架头上移动仪器，使垂球尖准确对准测站点后，再旋紧连接螺旋。垂球对中的误差应小于 3mm。

③ 精平：旋转脚螺旋使圆水准气泡居中，转动照准部，旋转脚螺旋，使管水准气泡在相互垂直的两个方向上居中。注意旋转脚螺旋精平仪器时，不会破坏前已完成的垂球对中关系。

2）使用光学对中法安置经纬仪 光学对中器也是一个小望远镜，它由保护玻璃、反光棱镜、物镜、物镜调焦镜、对中标志分划板和目镜组成。

使用光学对中器之前，应先旋转目镜调焦螺旋使对中标志分划板十分清晰，再旋转物镜调焦螺旋（有些仪器是拉伸光学对中器）看清地面的测点标志。

① 粗对中：双手握紧三脚架，眼睛观察光学对中器，移动三脚架使对中标志基本对准测站点的中心（应注意保持三脚架头基本水平），将三脚架的脚尖踩入土中。

② 精对中：旋转脚螺旋使对中标志准确对准测站点的中心，光学对中的误差应小于1mm。

③ 粗平：伸缩脚架腿，使圆水准气泡居中。

④ 精平：转动照准部，旋转脚螺旋，使管水准气泡在相互垂直的两个方向上居中。精平操作会略微破坏前已完成的对中关系。

⑤ 再次精对中：旋松连接螺旋，眼睛观察光学对中器，平移仪器基座（注意不要有旋转运动），使对中标志准确对准测站点的中心，拧紧连接螺旋。

（2）瞄准和读数　测角时的照准标志，一般是竖立于测点的标杆、测钎、用三根竹杆悬吊垂球的线或觇牌（target）。测量水平角时，以望远镜的十字丝竖丝瞄准照准标志。望远镜瞄准目标的操作步骤如下：

① 目镜对光：松开望远镜制动螺旋和水平制动螺旋，将望远镜对向明亮的背景（如白墙、天空等，注意不要对向太阳），转动目镜使十字丝清晰。

② 粗瞄目标：用望远镜上的粗瞄器瞄准目标，旋紧制动螺旋，转动物镜调焦螺旋使目标清晰，旋转水平微动螺旋和望远镜微动螺旋，精确瞄准目标。可用十字丝纵丝的单线平分目标，也可用双线夹住目标，如图2-23所示。

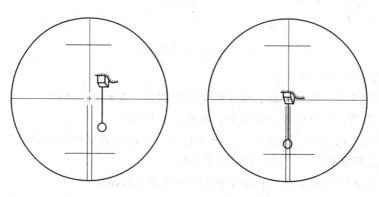

图2-23　瞄准目标

③ 读数：先打开度盘照明反光镜，调整反光镜的开度和方向，使读数窗亮度适中，旋转读数显微镜的目镜使刻划线清晰，然后读数。

（3）竖直角观测

1）竖直角测量原理　竖直角（vertical angle）是指在同一竖直面内，视线与水平线的夹角。视线在水平线上方的称为仰角，角值为正；视线在水平线下方的称为俯角，角值为负。如图2-24所示。

为了测量竖直角，经纬仪必须在铅垂面内安置一个有圆盘，称为竖直度盘或竖盘（vertical circle）。竖直角则是目标方向与水平方向在度盘上的读数之差。水平方向的读数可以通过竖盘指标管水准器或竖盘指标自动补偿装置来确定。

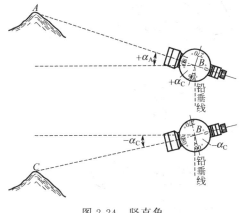

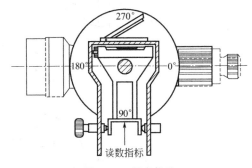

图 2-24　竖直角　　　　　　　　　　　　　　　图 2-25　竖盘构造

经纬仪设计时，一般使视线水平时的竖盘读数为 0°或 90°的倍数，这样，测量竖直角时，只要瞄准目标，读出竖盘读数并减去仪器视线水平时的竖盘读数就可以计算出视线方向的竖直角。

2）竖盘构造　　经纬仪的竖盘固定在望远镜横轴一端并与望远镜连接在一起，即竖盘随望远镜一起绕横轴旋转，竖盘面垂直于横轴。如图 2-25 所示。

竖盘读数指标（vertical index）与竖盘指标管水准器（vertical index bubble tube）连接在一起，旋转竖盘管水准器微动螺旋将带动竖盘指标管水准器和竖盘读数指标一起作微小的转动。

竖盘读数指标的正确位置是：视线水平，望远镜处于盘左、竖盘管水准气泡居中时，读数窗中的竖盘读数应为 90°（有些仪器设计为 0°、180°或 270°，本书约定为 90°）。

竖盘注记为 0°～360°，分顺时针和逆时针注记两种形式，本书只介绍顺时针注记的形式。

3）竖直角计算公式　　竖直度盘分划注记有不同的形式，所以计算竖直角的公式也不同。因此在观测竖直角之前，先要检查一下竖盘读数，确定竖直角与竖盘读数之间的关系。方法是：将望远镜大致放在水平位置，观测一下竖盘读数，即可知水平视线的应有读数（一般是90°的整倍数），然后将望远镜上仰，得到的竖直角是一个仰角，应该为正值，此时看读数是增大还是减小。若读数增大，则竖直角等于瞄准目标时的读数减去视线水平时的读数；若读数减小，则竖直角等于视线水平时的读数减去瞄准目标时的读数。

图 2-26 中经纬仪竖直角公式为

盘左：　　　　　　　$\alpha_左 = 视线水平读数 90° - 视线倾斜读数 L$　　　　　　　　　　(2-17)

盘右：　　　　　　　$\alpha_右 = 视线倾斜读数 R - 视线水平读数 270°$　　　　　　　　　(2-18)

4）竖盘读数指标差　　在上述竖直角计算公式推导中，认为当望远镜视准轴水平，竖盘读数指标水准管气泡居中时，竖盘读数为 90°或 270°。实际上，读数指标往往偏离正确位置，与正确位置相差一小角值 x，该角值称为竖盘指标差，简称为指标差，如图 2-27所示。

指标差的存在使竖盘读数中包括了指标差，因而在计算竖直角时，必须消除它的影响。图 2-27 表示盘左和盘右观测同一目标时，由于指标差的存在读数受到的影响。指标差可以反映观测成果的质量。有关规范规定，竖直角观测时的指标差互差：DJ₂ 经纬仪不得超过

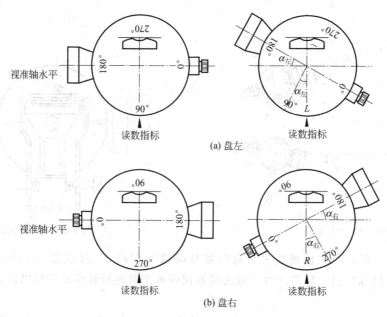

(a) 盘左

(b) 盘右

图 2-26 竖直角刻划示意图

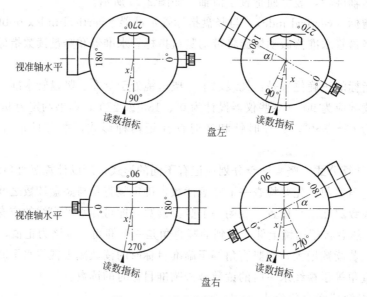

盘左

盘右

图 2-27 竖盘指标差示意图

±15″；DJ₆ 经纬仪不得超过±25″。

即正确的竖直角应为

$$\alpha = (90° + x) - L = \alpha_左 + x$$

$$\alpha = R - (270° + x) = \alpha_右 - x \tag{2-19}$$

$$\alpha = \frac{1}{2}(\alpha_左 + \alpha_右)$$

指标差为

$$x = \frac{1}{2}(L + R - 360°) \tag{2-20}$$

或

$$x = \frac{1}{2}(\alpha_右 - \alpha_左) \tag{2-21}$$

从以上公式可知：取盘左、盘右（一个测回）观测的方法可自动消除指标差的影响。若 x 为正，则视线水平时的读数大于 $90°$ 或 $270°$；否则，情况相反。

5）竖直角观测　应用横丝瞄准目标的特定位置，例如标杆的顶部或标尺上的某一位置。竖直角观测的操作程序如下。

① 在测站点上安置好经纬仪，用小钢尺量出仪器高。仪器高是测站点标志顶部到经纬仪横轴中心的垂直距离。

② 盘左瞄准目标，使十字丝横丝切于目标某一位置，旋转竖盘指标管水准器微动螺旋使竖盘指标管水准气泡居中，读取竖直度盘读数。

③ 盘右瞄准目标，使十字丝横丝切于目标同一位置，旋转竖盘指标管水准器微动螺旋使竖盘指标管水准气泡居中，读取竖直度盘读数。

竖直角的记录及计算见表 2-6。

表 2-6　竖直角记录手簿

测站	目标	竖盘位置	竖盘读数	半测回竖直角	指标差	一测回竖直角
A	B	左	$81°18'42''$	$+8°41'18''$	$+6''$	$+8°41'24''$
		右	$278°41'30''$	$+8°41'30''$		
	C	左	$124°03'30''$	$-34°03'30''$	$+12''$	$-34°03'18''$
		右	$235°56'54''$	$-34°03'06''$		

2.2.4　三角高程测量的实施

三角高程测量一般应进行往返观测，即由 A 向 B 观测，再由 B 向 A 观测，这样的观测称为对向观测。对向观测可以消除地球曲率和大气折光的影响。

观测时，安置经纬仪于测站上，首先量取仪器高 i 和觇标高 l。然后用经纬仪观测竖直角 α，完成往测后，再进行返测。

三角高程测量的精度，主要取决于水平距离 D、竖直角 α 和仪器高 i 的测量精度。目前应用测距仪、全站仪测量平距大大提高了三角高程测量的精度。计算时，先计算两点之间的往返高差，符合要求［式(2-22)］时取其平均值，作为两点之间的高差。当用三角高程测量方法测定平面控制点的高程时，要求组成闭合或附合三角高程路线，在闭合差符合要求［式(2-23)］时，按闭合或附合路线计算各控制点的高程。

往、返测高差之差允许值为

$$f_{\Delta h允} = \pm 10D \text{（cm）} \tag{2-22}$$

闭合或附合线路的高差闭合差允许值为

$$f_{h允} = \pm 5\sqrt{\sum D^2} \text{（cm）} \tag{2-23}$$

2.3　全站仪三角高程测量

2.3.1　全站仪三角高程测量原理

全站仪测距可以显示斜距 S、平距 D 和高距 VD（如图 2-28 所示），它们关系如下，式

中 α 是竖直角。

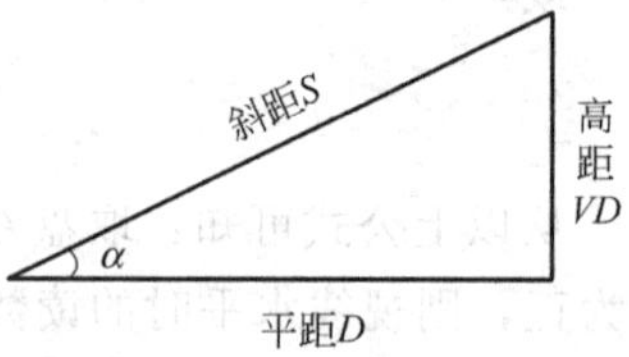

$$D = S \cdot \cos\alpha \qquad (2\text{-}24)$$
$$VD = S \cdot \sin\alpha \qquad (2\text{-}25)$$

图 2-29 中，在 A 两点之间安置全站仪，量取仪器高为 i，B、C 两点上使用同一高度 v 的棱镜杆，则有

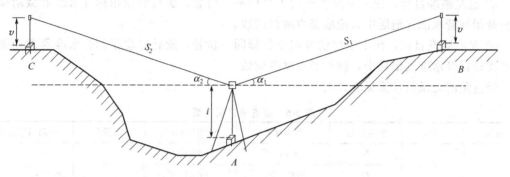

图 2-28 全站仪距离关系

$$h_{AB} = S_1 \cdot \sin\alpha_1 + i - v \qquad (2\text{-}26)$$
$$h_{AC} = S_2 \cdot \sin\alpha_2 + i - v \qquad (2\text{-}27)$$
$$H_B = H_A + h_{AB} \qquad (2\text{-}28)$$
$$H_C = H_A + h_{AC} \qquad (2\text{-}29)$$

图 2-29　全站仪高程测量

可以得到 B、C 两点高差

$$h_{BC} = H_C - H_B = h_{AC} - h_{AB} = S_2 \cdot \sin\alpha_2 - S_1 \cdot \sin\alpha_1$$
$$h_{BC} = VD_{AC} - VD_{AB} \qquad (2\text{-}30)$$

由式（2-30）可知，在棱镜等高的情况下从全站仪读取高距就可得到两点的高差。注意 VD_{AC} 是前视高距，而 VD_{AB} 是后视高距。现将该方法仿照水准测量引入高程测量。如果 B、C 两点距离较近，使用同一棱镜（如图 2-29）即可，如果两点相距较远，可像水准测量一样通过增加中间转点来实施，实施时可使用两根等高的棱镜杆，但两固定点之间一定要设成偶数站，以减少误差影响。

2.3.2　全站仪三角高程测量步骤

不同全站仪操作方法略有差异，现以南方 NTS-340 为例进行说明，其操作步骤如下。

（1）在距前后两点等距离处安置全站仪，整平。

（2）将自动补偿装置打开，点开"设置"[图 2-30(a)]，然后选择"角度相关设置"，将倾斜补偿打开，选择 X-Y 打开 [图 2-30(b)]。

（3）点选"常规"，选择"距离测量"，盘左盘右分别照准后视点棱镜，按"测量"，读取水平距离和高距（图 2-31）。

（4）盘左盘右分别照准前视点棱镜，读取水平距离和高距。

2.3.3　记录及计算

（1）观测记录　将全站仪照准后视点所测平距 123.321 和盘左盘右高距 -2.203 分别填入表 2-7，并计算盘左盘右高距的平均值；随后将全站仪照准前视点的数据也填入相应位置且计算前视高距平均值，用前视高距平均值减去后视高距平均值得到两点高差，填入高差栏。完成各站测量之后，进行求和计算；检核无误后，将数据填入表 2-8 进行高差高程计算。

(a) (b)

图 2-30 高距测量设置

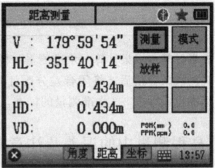

(a) (b)

图 2-31 全站仪距离读数

表 2-7 全站仪三角高程测量手簿

测站	点号	水平距离/m	后视高距/m 盘左/盘右	平均	前视高距/m 盘左/盘右	平均	高差/m	高程/m
1	2	3	4	5	6	7	8	9
1	BM_A	123.321	−2.203	−2.203	1.732	1.732	3.935	18.039
	B	118.587	−2.203		1.731			
2	B	87.135	0.256	0.256	0.187	0.187	−0.069	
	TP_1	88.632	0.256		0.187			
3	TP_1	93.155	1.519	1.519	−1.984	−1.984	−3.503	
	C	96.302	1.519		−1.984			
4	C	114.792	1.347	1.347	1.242	1.242	−0.105	
	D	115.377	1.347		1.243			
5	D	144.739	1.267	1.267	1.016	1.016	−0.251	
	BM_A	144.396	1.267		1.017			18.039
计算	Σ	1126.436	4.372	2.186	4.387	2.193	0.007	

31

表 2-8　高差高程成果计算表

点号	距离/km	实测高差/m	改正数/mm	改正后高差/m	高程/m
1	2	3	4	5	6
BM_A					18.039
	0.24	+3.935	−2	+3.933	
B					21.972
	0.37	−3.572	−2	−3.574	
C					18.398
	0.23	−0.105	−1	−0.106	
D					18.292
	0.29	−0.251	−2	−0.253	
BM_A					49.579
Σ	1.13	+0.007			
辅助计算					

$$f_h = \sum h = +0.007\text{m} = +7\text{mm}$$
$$f_{h容} = \pm 40\sqrt{L}\ \text{mm} = \pm 40\sqrt{1.13}\ \text{mm} = \pm 42\text{mm};\ f_h < f_{h容}$$

（2）成果计算　成果计算与水准测量一样，首先计算线路闭合差，然后计算闭合差允许值；确定观测成果合格后，将闭合差分配计算高差改正数，再计算改正后高差和各点的高程。精度标准也执行表 2-3 水准测量的标准，具体计算结果见表 2-8。

2.4　高程测量中的误差及注意事项

2.4.1　水准测量中的误差及注意事项

（1）仪器误差　水准测量的仪器误差主要是水准管轴不平行于视准轴的误差，称为 i 角误差，它使得水准仪精平之后视线不水平，属于系统误差。该项误差可以通过前、后视距相等来消除。所以水准测量时应注意前、后视距相等。

水准尺刻划不正确，尺长变化、尺身弯曲及底部磨损都会直接影响水准测量精度。因此水准尺使用前应进行检定，不合格者不可使用。尺底磨损会产生标尺零点变化即零点差。对于零点差，应采取在起点与终点间设置偶数站的方法消除其影响。

（2）观测误差　水准测量观测误差的来源有三方面，一是水准管气泡居中误差，对此应注意读数前后水准管气泡严格居中。二是估读水准尺读数误差，可以通过控制视距（如不超过 100m）来减少误差。三是标尺倾斜误差，所以观测时扶尺必须认真，做到既稳又直。

（3）外界条件影响　主要有三个方面。一是仪器、尺垫下沉影响，仪器、标尺位置土质松软时，会造成仪器和标尺下沉。对此影响的应对措施是采用"后前前后"的观测程序和测段往返测的方法；另外要提高观测速度。二是地球曲率和大气折光的影响，该影响可以通过控制前、后视距相等的措施消除。三是温度变化的影响，如果仪器受热不均匀，会产生仪器误差，所以水准测量时，应注意打伞。

2.4.2　三角高程测量中的误差及注意事项

（1）仪器误差　主要是指标差。消除减弱措施是盘左、盘右观测。

（2）测量误差　来源于两个方面，一是仪器和目标的量高误差，二是照准目标误差。仪

建筑工程测量

器高和目标高应在测量竖直角前后各量一次，取平均值。对于照准误差可以通过控制两点间的长度减弱。

（3）外界条件影响　包括：地球曲率和大气折光影响、温度变化影响、大气能见度影响。通过对向观测可以减弱地球曲率和大气折光影响，选择有利的观测时间可以控制大气能见度造成的影响，打伞可以减少仪器受热不均匀带来的误差。

小结：本单元介绍了高程测量的方法与具体实施。重点内容是水准测量与三角高程测量的操作、数据记录与计算。

能力训练 2-1　水准仪测量能力评价

（1）能力目标　能熟练使用水准仪，掌握水准测量的基本方法；能完成水准测量的记录和计算。

（2）考核项目（工作任务）　根据已有高程控制点，以个人为单位，用 DS_3 水准仪在现场完成一个设置为 4 站的闭合水准线路测量，并完成记录及计算工作。

（3）考核环境　场地和仪器工具准备：选一块较为宽阔的场地，每人根据现场条件和给定已知数据，选择一个 4 站组成的闭合水准线路，由其他同学配合，利用 DS_3 水准仪完成该线路的测量记录及数据计算工作。水准仪 1 套，水准标尺 2 把，尺垫 2 个，木桩若干，铁锤 1 把，记录板 1 块。

（4）考核时间　一个人的操作（含观测、记录、计算）需要在 20min 内完成。

（5）评价方法　考核在小组内进行，以操作者为主，扶尺者、打伞者互相合作完成考核。检核满足规范要求，根据所用时间、仪器的操作熟练程度、组员配合的默契程度、测量结果的精度等综合评定成绩。

（6）评价标准及评价记录表　见表 2-9。

表 2-9　水准测量能力评价考核记录

班级：_____　　　　组别：第_____组　　　　考核教师：_____

控制点：_____　　　　日期：_____　　　　仪器：_____

观测员（被考核者）：_____　　　　配合操作员：_____

考核项目	考核指标	配分	评分标准及要求	得分	备注
水准仪使用	方法正确及操作规范程度	10	操作合理规范,否则按具体情况扣分		
	水准仪的安置及使用的熟练程度	10	水准仪安置正确,仪器操作熟练,组员配合默契,否则,根据情况扣分		
	线路闭合差	25	要求≤10mm,超限不得分		
	记录、计算的完整正确程度	15	记录完整整洁、计算正确,否则扣分		
	操作时间	20	小于 10min 记 20 分;10～12min 记 15 分;12～15min 记 10 分;15～20min 记 5 分;20min 以上记 0 分		
	其他能力:学习、沟通、分析问题解决问题的能力等	10	由考核教师根据学生表现酌情给分		
	仪器、设备使用维护是否合理、安全及其他	10	工作态度端正,仪器使用维护到位,文明作业,无不安全事件发生,否则按具体情况扣分		

考核项目	考核指标	配分	评分标准及要求	得分	备注
	考评评分合计				
	考评综合等级				
考核结果与评价	综合评价:				

能力训练 2-2 三角高程测量能力评价

(1) 能力目标 能熟练使用经纬仪,掌握竖直角测量的基本方法;能完成竖直角测量的记录和计算。

(2) 考核项目(工作任务) 根据已有测量标志,以个人为单位,用 DJ_6 经纬仪在现场完成两个目标的竖直角的测量,并完成记录及计算工作。

(3) 考核环境 场地和仪器工具准备:选一块较为宽阔的场地,每人根据现场条件和给定测量标志,利用经纬仪完成竖直角的测量、记录及数据计算工作。经纬仪 1 套,测钎或标杆 2 根,木桩若干,铁锤 1 把,记录板 1 块。

(4) 考核时间 操作要求在 15min 内完成 2 个目标的竖直角观测、记录、计算,每个目标各测一测回。

(5) 评价方法 考核在小组内进行,以个人为单位进行考核。检核满足规范要求,根据所用时间、仪器的操作熟练程度、测量结果的精度等综合评定成绩。

(6) 评价标准及评价记录表 见表 2-10。

表 2-10 三角高程测量能力评价考核记录

班级:＿＿＿＿＿＿＿＿　　　　组别:第＿＿＿＿组　　　　考核教师:＿＿＿＿＿＿＿

观测员(被考核人):＿＿＿＿＿＿＿　　　　　　配合操作员:＿＿＿＿＿＿＿＿

控制点:＿＿＿＿＿＿＿　　　　日期:＿＿＿＿＿＿＿　　　仪器:＿＿＿＿＿＿＿

考核项目	考核指标	配分	评分标准及要求	得分	备注
经纬仪使用	方法正确及操作规范程度	10	操作合理规范,否则按具体情况扣分		
	经纬仪的安置精度和熟练程度	10	对中误差不超过 1mm,整平误差不超过一格,安置熟练,否则,根据情况扣分		
	指标差较差	20	要求≤25″,超限不得分		
	记录、计算的完整正确程度	20	记录完整整洁、计算正确,否则扣分		
	操作时间	20	5min 内为满分;5～10min 得 15 分;10～15min 得 10 分;超过 15min 得 0 分		
	其他能力:学习、沟通、分析问题解决问题的能力等	10	由考核教师根据学生表现酌情给分		
	仪器、设备使用维护是否合理、安全及其他	10	工作态度端正,仪器使用维护到位,文明作业,无不安全事件发生,否则按具体情况扣分		

考核项目	考核指标	配分	评分标准及要求	得分	备注
		考评评分合计			
		考评综合等级			
考核结果与评价	综合评价:				

思考与练习

1. 水准仪是根据什么原理来测定两点之间的高差的?

2. 水准仪的望远镜主要由哪几部分组成?各部分有什么功能?

3. 什么是视差?发生视差的原因是什么?如何消除视差?

4. 圆水准器和水准管各有什么作用?

5. 什么是竖直角?照准某一目标点时,若经纬仪高度不一样,则该点的竖直角是否一样?

6. 后视点 A 的高程为 55.318m,读得其水准尺的读数为 2.212m,在前视点 B 尺上读数为 2.522m,高差 h_{AB} 是多少? B 点比 A 点高还是比 A 点低? B 点高程是多少?试绘图说明。

7. 为了测得图根控制点 A、B 的高程,由四等水准点 BM_1(高程为 29.826m)以附合水准路线测量至另一个四等水准点 BM_5(高程为 30.186m),观测数据及部分成果如图 2-32 所示,试列表进行记录,并计算下列问题:

(1)将第一段观测数据填入记录手簿,求出该段高差 h_1;

(2)根据观测成果算出 A、B 点的高程。

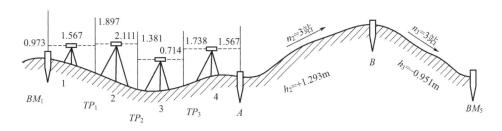

图 2-32 附合水准路线测量示意图

8. 如图 2-33 所示,设已测得从经纬仪到铁塔中心的水平距离为 45.2m,对塔顶的仰角为 $+23°55'$,对塔底中心的俯角为 $-1°30'$,试计算铁塔的高度 H。

9. 以小组为单位,完成教师指定的某一闭合水准路线测量和高程计算,执行图根水准测量标准。

10. 比较四等水准测量与普通水准测量,说明如何消除或减弱水准测量的误差。

11. 利用三角高程测量完成两点高差的测量。

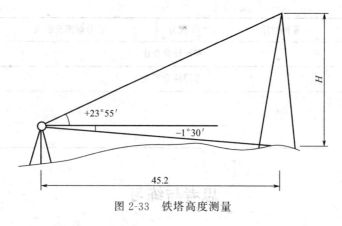

图 2-33　铁塔高度测量

12. 根据实测过程，比较水准测量与三角高程测量，写出两种方法的特点。

坐标测量

知识目标

- 了解坐标测量的目的
- 理解直线的属性与点位坐标的关系，理解坐标测量与水平角测量、距离测量的关系
- 掌握极坐标法、角度交会法、距离交会法和导线测量等坐标测量的方法，以及上述方法的应用环境

能力目标

- 能操作经纬仪、测距仪和全站仪
- 能完成水平角测量、距离测量和坐标测量等具体工作
- 能处理测量数据，完成点位坐标计算

引 子

图 3-1 中，P 点坐标未知，现欲求 P 点坐标。A、B 两点坐标和高程已知，如何得到 P 点坐标，这是本单元要解决的问题。

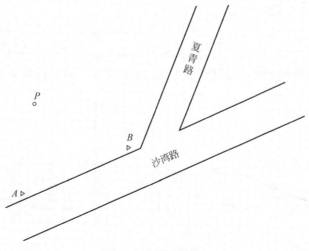

图 3-1　坐标测量任务

3.1 坐标计算与极坐标法

坐标数据 $(x，y)$ 是基本的测量数据，极坐标法是最常用的坐标测量方法之一。

3.1.1 直线的长度与方向

（1）直线的属性　在本书里，两点的连线称为直线，直线有两个属性：长度和方向。长度通常用两点间的水平距离表示，方向一般用直线与北方向的夹角表示。将图 3-1 中的 A、B 转换到坐标系里变换成图 3-2，图中直线 AB 的长度用 D_{AB} 表示，方向用 α_{AB} 表示。

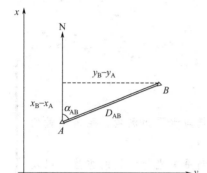

图 3-2　坐标反算

（2）坐标增量　两点的坐标差称为坐标增量，用 Δx 和 Δy 表示。图 3-2 中，A、B 两点的坐标增量为

$$\begin{cases}\Delta x_{AB}=x_B-x_A\\\Delta y_{AB}=y_B-y_A\end{cases} \tag{3-1}$$

由图 3-2 知坐标增量与长度、方向满足下列关系：

$$\begin{cases}\Delta x_{AB}=D_{AB}\cos\alpha_{AB}\\\Delta y_{AB}=D_{AB}\sin\alpha_{AB}\end{cases} \tag{3-2}$$

3.1.2 坐标正反算

（1）坐标反算　图 3-2 中，已知 A、B 两点坐标分别为 $(x_A，y_A)$、$(x_B，y_B)$，则 A、B 两点间水平距离为

$$D_{AB}=\sqrt{\Delta x_{AB}^2+\Delta y_{AB}^2} \tag{3-3}$$

直线 AB 与北方向的夹角 α_{AB} 称为直线 AB 的方位角，是从 A 的北方向顺时针转至 AB 的角度。

$$\alpha_{AB}=\arctan\frac{\Delta y_{AB}}{\Delta x_{AB}} \tag{3-4}$$

故已知两点坐标可以计算直线的长度和方向，即水平距离和坐标方位角。

（2）坐标正算　图 3-3 中，已知 A 点坐标 $(x_A，y_A)$，A、P 两点间的水平距离 D_{AP} 和直线 AP 的方位角 α_{AP}，则

$$\begin{cases}x_P=x_A+D_{AP}\cos\alpha_{AP}\\y_P=y_A+D_{AP}\sin\alpha_{AP}\end{cases} \tag{3-5}$$

故已知直线的长度和方向，可以计算两点的坐标增量，进而计算未知点的坐标。

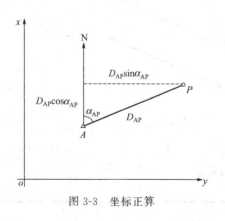

图 3-3　坐标正算

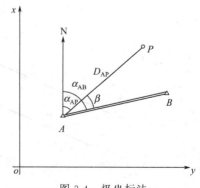

图 3-4　极坐标法

3.1.3 极坐标法

图 3-4 中，已知 A、B 两点坐标，欲求 P 点坐标，测量得到水平角 β 和水平距离 D_{AP}。首先，根据坐标反算计算 α_{AB}；其次根据 α_{AB} 和 β 计算 α_{AP}；再次利用 α_{AP}、D_{AP} 根据坐标正算计算 P 点坐标。图中 AB 相当于极轴，β 相当于极角，D_{AP} 相当于极距，因此上述方法称为极坐标法。

例如 A、B 两点坐标分别为（423.811，549.181）、（485.652，839.786），单位为 m。测量出角度 β 为 $27°44'11''$，AP 长度 D_{AP} 为 284.402m，则

$$D_{AB}=\sqrt{(x_B-x_A)^2+(y_B-y_A)^2}=297.112\ (m)$$

$$\alpha_{AB}=\arctan\frac{y_B-y_A}{x_B-x_A}=78°59'12''$$

$$\alpha_{AP}=\alpha_{AB}-\beta=51°15'01''$$

$$x_P=x_A+D_{AP}\cos\alpha_{AP}=601.824\ (m)$$

$$y_P=y_A+D_{AP}\sin\alpha_{AP}=778.983\ (m)$$

3.2 水平角测量

极坐标法需要测量水平角，常用的水平角测量方法有测回法和方向观测法。

3.2.1 测回法

测回法是观测水平角的一种基本方法，适用于观测两个方向的单角，如图 3-5 所示。欲测量 AP 和 AB 所构成的水平角，其操作步骤如下。

（1）将经纬仪安置在测站点 A，对中、整平。

（2）盘左（竖盘在望远镜左边，又称正镜），照准目标 P，读取水平度盘读数 $p_左$。顺时针转动仪器，照准目标 B，读取水平度盘读数 $b_左$。至此，完成上半测回，角值 $\beta_左=b_左-p_左$。

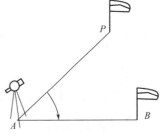

图 3-5　测回法测水平角

（3）倒转望远镜，盘右（竖盘在望远镜右边，又称倒镜），照准目标 B，读取水平度盘读数 $b_右$。逆时针转动仪器，照准目标 P，读取水平度盘读数 $p_右$。完成下半测回，角值 $\beta_右=b_右-p_右$。

上、下半测回构成一个测回。对于 DJ$_6$ 光学经纬仪，上、下半测回角值之差应不超过 $\pm36''$，取 $\beta_左$、$\beta_右$ 的平均值作为该测回角值，见表 3-1。

表 3-1　水平角观测手簿（测回法）

观测日期＿＿＿＿＿＿　　天气状况＿＿＿＿＿＿　　工程名称＿＿＿＿＿＿
仪器型号＿＿＿＿＿＿　　观测者＿＿＿＿＿＿　　记录者＿＿＿＿＿＿

测站	度盘位置	目标	水平度盘读数	半测回角值	一测回角值
A	盘左	P	$0°28'48''$	$47°17'24''$	$47°17'21''$
		B	$47°46'12''$		
	盘右	B	$227°45'36''$	$47°17'18''$	
		P	$180°28'18''$		

根据误差理论，同一角度一般需测多个测回，为了减小度盘分划误差的影响，各测回间

应按 $180°/n$ 的差值变换度盘的起始位置，n 为测回数。通常将第一测回度盘的起始位置配在略大于 $0°$ 的位置。

3.2.2 方向观测法

方向观测法适用于在同一测站上观测多个角度，即观测方向多于两个以上时采用。如图 3-6 所示，O 点为测站点，A、B、C、D 为四个目标点，欲测定 O 点到各目标点之间的水平角，其观测步骤如下。

（1）将经纬仪安置于测站点 O，对中、整平。

（2）用盘左位置选定一距离适中、目标明显、成像清晰的 C 点作为起始方向（零方向），配置水平度盘，在精确瞄准后读取读数。松开水平制动螺旋，顺时针方向依次照准 D、A、B 三个目标点并读数，最后再次瞄准起始点 C（称为归零）并读数。以上为上半测回。两次瞄准 C 点的读数之差称为"归零差"。对于不同等级的仪器，限差要求不同，如表 3-2 所示。

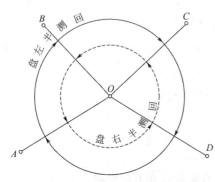

图 3-6 方向观测法测水平角

（3）用盘右位置瞄准起始目标 C 并读数，然后逆时针方向依次照准 B、A、D、C 各目标，并读数。以上称为下半测回，其归零差亦应满足规定要求。

表 3-2 方向观测法的各项限差

经纬仪型号	半测回归零差/(")	一测回内两倍视准误差 $2c$ 差/(")	同方向值各测回归零差/(")
DJ_2	8	13	9
DJ_6	18	60	24

（4）观测记录计算，表 3-3 为方向观测法观测手簿，盘左各目标的读数从上往下记录，盘右各目标读数按从下往上的顺序记录。

1）归零差的计算。对起始目标，每一测回都应计算"归零差"Δ，并计入表格。一旦"归零差"超限，应及时进行重测。

2）两倍视准误差 $2c$ 的计算为

$$2c = 盘左读数 - （盘右读数 \pm 180°） \tag{3-6}$$

上式中，盘右读数大于 $180°$ 时则减去 $180°$，如盘右读数小于 $180°$ 时则加上 $180°$。各目标的 $2c$ 值分别列入表 3-3 第 6 栏。对于同一台仪器，在同一测回内，各方向的 $2c$ 值应为一个稳定数，若有变化，其变化值不应超过表 3-2 规定的范围。

3）各方向平均读数的计算为

$$平均读数 = \frac{盘左读数 + （盘右读数 \pm 180°）}{2} \tag{3-7}$$

计算时，以盘左读数为准，将盘右读数加或减 $180°$ 后和盘左读数取平均数，其结果列入表 3-3 第 7 栏。

4）归零后方向值的计算。将各方向的平均读数分别减去起始目标的平均读数，即得归零后的方向值。表 3-3 中 C 目标的平均读数为 $\dfrac{0°00'39'' + 0°00'30''}{2} = 0°00'34''$。

各方向归零后的方向值列入表 3-3 第 8 栏。

5）各测回值归零后平均方向值的计算。当一个测站观测两个或两个以上测回时，应检查同一方向各测回的方向值互差。互差要求见表 3-2。当检查结果符合要求，取各测回同一方向归零后的方向值的平均值作为最后结果，列入表 3-3 第 9 栏中。

表 3-3　方向观测法观测手簿

观测日期＿＿＿＿＿　　天气状况＿＿＿＿＿　　工程名称＿＿＿＿＿
仪器型号＿＿＿＿＿　　观测者＿＿＿＿＿　　　记录者＿＿＿＿＿

测回	测站	目标	水平度盘读数		2c	平均读数	一测回归零方向值	各测回平均方向值	角值
			盘左	盘右					
第一测回	O					(0°00′34″)			79°26′55″ 63°03′30″ 146°15′18″ 71°14′13″
		C	0°00′54″	180°00′24″	+30″	0°00′39″	0°00′00″	0°00′00″	
		D	79°27′48″	259°27′30″	+18″	79°27′39″	79°27′05″	79°26′59″	
		A	142°31′18″	322°31′00″	+18″	142°31′09″	142°30′35″	142°30′29″	
		B	288°46′30″	108°46′06″	+24″	288°46′18″	288°45′44″	288°45′47″	
		C	0°00′42″	180°00′18″	+24″	0°00′30″			
		Δ	−12″	−6″					
第二测回	O					(90°00′52″)			
		C	90°01′06″	270°00′48″	+18″	90°00′57″	0°00′00″		
		D	169°27′54″	349°27′36″	+18″	169°27′45″	79°26′53″		
		A	232°31′30″	42°31′00″	+30″	232°31′15″	142°30′23″		
		B	18°46′48″	198°46′36″	+12″	18°46′42″	288°45′50″		
		C	90°01′00″	270°00′36″	+24″	90°00′48″			
		Δ	−6″	−12″					

6）水平角的计算。两方向的方向值之差即为其所夹的水平角，计算结果列入表 3-3 第 10 栏。

当需要观测的方向为三个时，也可以不进行归零观测，其他均与三个以上方向观测方法相同。

方向观测法有三项限差要求，见表 3-2。若任何一项限差超限，均应重测。

 3.3　距离测量

极坐标法除了需要测量水平角外，还需要测量两点间的水平距离。常用的方法有三种：钢尺量距、电磁波测距和视距测量。

3.3.1　钢尺量距

（1）工具　一般钢尺量距的工具包括钢尺（图 3-7）、标杆、测钎（图 3-8）、垂球等，如果是精密测距还需要温度计、弹簧秤等。钢尺长度有 20m、30m 和 50m 等多种。

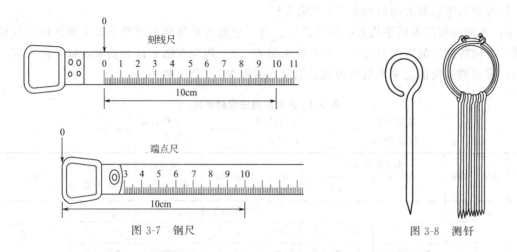

图 3-7 钢尺   图 3-8 测钎

(2) 直线定线 当两点距离较长时，要保证所测距离是直线距离，首先要进行直线定线。直线定线的方法有目测定线和经纬仪定线。

① 目测定线。如图 3-9 所示，要测量距离 D_{AP}，先在 A、P 两点处各插一标杆。定线由两人进行，甲站在 A 点花杆后 1～2m 处，乙由 P 向 A 的方向行至 1 点附近，注意 P 与 1 两点之间的距离要小于钢尺的长度。在甲的指挥下乙左右移动测钎使 A、1、P 三点在同一直线上定出 1 点。同法定出 2、3 点，即 A、1、2、3、P 在同一直线上。

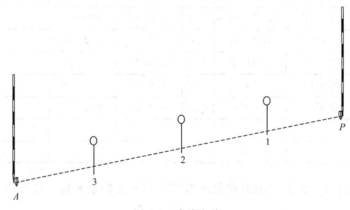

图 3-9 直线定线

② 经纬仪定线。一般用于精密测距时，甲在 A 点安置经纬仪对中整平之后，照准 P 点。然后将望远镜向下，照准 1 点，指挥乙在该处打木桩并在木桩上划十字线，确定 1 的位置，同样方法定出 2、3 点。要保证 A、1、2、3、P 严格在一条直线上，而且 A 与 3、3 与 2、2 与 1、1 与 P 之间的距离要小于钢尺长度。

(3) 平坦场地量距 平坦地面上的量距工作在直线定线结束后进行，甲乙两人分别作为前尺手和后尺手，两人分别对准 A、3 点同时用力拉紧钢尺并同时读数，两数相减即为 A 与 3 点之间的距离。同样方法测量 3 与 2、2 与 1、1 与 P 之间的距离，将他们相加即得到 A 与 P 两点的距离。为了保证精度，需进行往返测量，即再从 P 到 A，分别量取 P 与 1、1 与 2、2 与 3、3 与 A 之间的距离，相加得到返测距离。往测距离记为 $D_{往}$，返测距离记为 $D_{返}$，往返测距离的平均值：

$$D_{平均} = \frac{1}{2}(D_{往} + D_{返}) \tag{3-8}$$

往返测量的相对误差 K：

$$K = \frac{|D_{往} - D_{返}|}{D_{平均}} = \frac{1}{\dfrac{D_{平均}}{|D_{往} - D_{返}|}} \tag{3-9}$$

例如：A、P 两点往测距离为 165.425m，返测距离为 165.445m，距离平均值为 165.435m，则相对误差为

$$K = \frac{|165.425 - 165.445|}{165.435} = \frac{1}{8272}$$

钢尺量距的相对误差一般不应低于 1/3000，在量距较困难的地区不应低于 1/1000。若超过限差，应重新测量。

（4）倾斜场地量距

① 平量法 采用平量法测量倾斜地面上的距离时需要垂球作为辅助工具。在直线定线时吊垂球线，如图 3-10 所示将各点的垂球线安置在同一竖直面内。甲乙两人分别对准 A、3 点的垂球线同时用力拉紧钢尺，且保证钢尺水平（钢尺乙端固定，上下移动甲端，钢尺距离读数最小时）后同时读数，两数相减即为 A 与 3 之间的距离。同样方法测量 3 与 2、2 与 1、1 与 P 之间的距离，将它们相加即得到 A 与 P 两点之间的距离。为了保证精度，需进行往返测，即再从 P 到 A，分别量取 P 与 1、1 与 2、2 与 3、3 与 A 之间的距离，相加得到返测距离。往返测量的相对误差必须满足规范规定，超限则重测。

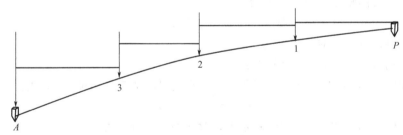

图 3-10 平量法

② 斜量法 采用斜量法测量倾斜地面上的距离，直线定线时打木桩，如图 3-11 所示使各点的木桩在同一直线上，木桩露出地面 10cm 左右且保证两点之间坡度变化不影响量距，木桩上面打小铁钉或划线作为量距标记。甲乙两人分别对准 A、3 点的量距标记并用力拉紧钢尺，同时读数，两数相减即为 A 与 3 之间的倾斜距离。同样方法测量 3 与 2、2 与 1、1 与 P 之间的倾斜距离。为了保证精度，同样需进行往返测，即再从 P 到 A，分别量取 P 与

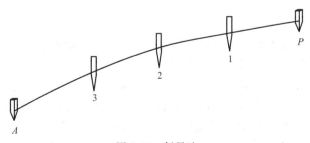

图 3-11 斜量法

1、1与2、2与3、3与A之间的倾斜距离。之后利用水准仪往返测量木桩间的高差，高差之差不超过10mm，利用高差将倾斜距离换算为水平距离。再计算往返测量相对误差。

如图3-12所示，将倾斜距离L换算为水平距离D，可采用勾股定理，也可按式(3-11)计算。

$$D=\sqrt{L^2-h^2} \tag{3-10}$$

$$D=L-\frac{h^2}{2L} \tag{3-11}$$

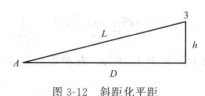

图3-12　斜距化平距

(5) 精密钢尺量距　钢尺实际长度往往与名义长度不符，且随温度变化而变化，所以在精密钢尺量距时要考虑尺长改正和温度改正，对于图3-12中的斜距L还要进行倾斜改正。

① 尺长方程式　钢尺在精密测距之前应进行检定，确认钢尺的尺长方程式，其一般形式见式(3-12)，尺长方程式是进行尺长改正和温度改正的依据。

$$l_t=l_0+\Delta l+\alpha l_0(t-t_0) \tag{3-12}$$

式中　l_0——钢尺的名义长度，如30m钢尺的名义长度为30m；

$\quad\quad\Delta l$——钢尺在标准温度下，实际长度与名义长度的差值，称为尺长改正；

$\quad\quad\alpha$——钢尺的膨胀系数，一般为$1.2\times10^{-5}/℃$；

$\quad\quad t_0$——钢尺检定时的标准温度，一般为20℃；

$\quad\quad t$——钢尺量距时的钢尺温度；

$\quad\quad l_t$——钢尺在温度t时的实际长度。

② 温度改正　对于图3-12中的斜距L，如果测量时的钢尺温度为t，则温度改正为

$$\Delta L_t=\alpha L(t-t_0) \tag{3-13}$$

③ 尺长改正　对于图3-12中的斜距L，对应的尺长改正为

$$\Delta L_l=\frac{\Delta l}{l_0}L \tag{3-14}$$

④ 倾斜改正　式(3-11)中的第二项即为倾斜改正：

$$\Delta L_h=-\frac{h^2}{2L} \tag{3-15}$$

⑤ 精密钢尺量距的水平距离为

$$D=L+\Delta L_l+\Delta L_t+\Delta L_h \tag{3-16}$$

3.3.2　电磁波测距

电磁波测距较钢尺量距而言，有操作简便、速度快、效率高、测程长、精度高及对测线地形条件要求低等许多优点，因此电磁波测距已被广泛应用。

(1) 测距原理　脉冲式测距仪是通过测定电磁波在测线两端点往返传播的时间来计算待测距离的。例如欲测定A、P两点间的距离D_{AP}，如图3-13所示把测距仪安置在A点，反射镜安置在P点，由仪器发出的电磁波经距离D_{AP}到达反射镜，经反射回到仪器。由于电磁波在大气中的传播速度c已知，测出电磁波在A、P之间传播的时间t_{2D}之后，距离D_{AP}

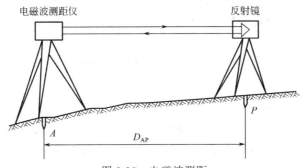

图 3-13　电磁波测距

可按下式计算:

$$D_{AP} = \frac{1}{2} c t_{2D} \tag{3-17}$$

式中　c——电磁波在大气中的传播速度;

t_{2D}——电磁波在待测距离上的往返传播时间。

脉冲式测距仪对时间的测定精度要求很高,因此测量工作中多采用相位式测距仪。

使用相位式测距仪测量 A、P 两点间的距离 D_{AP},同样把测距仪安置在 A 点,反射镜安置在 P 点,仪器发出的电磁波经距离 D_{AP} 到达反射镜,经反射回到仪器。在 2 倍的距离之内有 N 个整波和不足一个整波的部分,如图 3-14,则有

$$2D_{AP} = N\lambda + \Delta\lambda \tag{3-18}$$

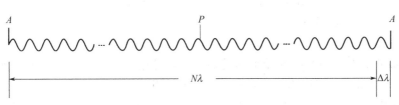

图 3-14　相位式测距

对测距仪而言,式(3-18) 中的 N 无法确定,可以确定的只有 $\Delta\lambda$。因此无法直接利用式(3-18) 计算 D_{AP},但调整电磁波的频率可以改变 λ 的值,因而 $\Delta\lambda$ 也会发生变化。λ 可以理解为测尺,测尺越长,测量精度越低,$\Delta\lambda$ 可以理解为不足一测尺的那部分长度。相位式测距仪测距过程与以下例子相似。

现有 4 种测尺,长度和精度分别为 10000m 长,所测长度保证千米位准确;1000m 长,所测长度保证百米位准确;100m 长,所测长度保证十米位准确;10m 长,保证毫米准确。有两个人,只能记住一个测量数据。现在指挥这两人完成测量 2563.323m 的距离。先给他们 10000m 长的测尺,他们测量该距离只需测 1 个读数,例如数据为 2480,此时千米位是准确的;其次给他们 1000m 长的测尺,他们测量该距离需测 3 个数据,他们只记住数据 550m,此时百米位是准确的;再次给他们 100m 长的测尺,他们测量该距离需测 26 个数据,他们只记住 61m,此时十米位准确;最后给他们 10m 长的测尺,他们测量该距离需测 257 个数据,他们只记住 3.323m,此数据保证毫米位准确。两人记住的 4 个数据都是不足一测尺长度的那个数据,取第一个数据的千米位,取第二个数据的百米位,取第三个数据的十米位,再加上最后一个数据就完成了距离测量的任务。

相位式测距仪测距过程跟上面的例子非常相似，调整频率改变波长，分别记录不足整波长的部分，最后完成距离测量的任务。由此可知，测距仪的测程是一个重要指标，通常测程越长，仪器价格越高。

（2）全站仪测距　全站仪型号不同，操作上会略有差异，基本步骤如下：

1）取出温度计和气压计；

2）在测站上安置全站仪对中、整平；

3）在镜站上安置反射棱镜，对中、整平，并将棱镜对准全站仪；

4）用全站仪照准棱镜，选择"距离测量"功能，按测距键测距，记录斜距；

5）一般测距三次（执行上一步骤三次），互差符合要求即可；

6）记录温度和气压，以便进行改正；

7）读取竖盘读数，以便计算水平距离。

（3）数据计算　全站仪所测得的一测回或几测回距离读数平均值 L，还必须经过气象改正和倾斜改正，才能得到水平距离最终结果。

1）气象改正。影响光速的大气折射率是电磁波的波长 λ、气温 t 和气压 P 的函数。λ 为一定值，因此可根据观测时测定的气温和气压对测距结果进行气象改正。不同仪器计算公式也不同，例如 REDmini 型测距仪的气象改正公式为

$$\Delta L=\left(278.96-\frac{0.3872P}{1+0.003661t}\right)L \tag{3-19}$$

式中　ΔL——气象改正值，mm；

P——测站气压，mmHg（1mmHg＝133.322Pa）；

t——测站温度，℃；

L——距离，km。

2）倾斜改正。若已知测线两端点间的高差 h，可用 $\Delta L_h=-h^2/2L$ 计算倾斜改正值；若测定了测线竖直角 α，可用 $D=L\cos\alpha$ 式计算水平距离。

例如，测得 A、B 两点间斜距为 516.350m，高差为 7.432m，测距时温度为 20℃，气压为 740mmHg，计算 A、B 两点间的水平距离。

气象改正值为

$$\Delta L=\left(278.96-\frac{0.3872\times740}{1+0.003661\times20}\right)\times0.51635=6.2\text{（mm）}$$

倾斜改正值为

$$\Delta L_h=-\frac{7.432^2}{2\times516.350}=-0.053\text{（m）}$$

水平距离为

$$D=L+\Delta L+\Delta L_h=516.35+0.0062-0.053=516.303\text{（m）}$$

对于全站仪，气象改正可以将所测气温气压输入全站仪，由全站仪自动计算，并把改正后的数据以"倾斜距离"显示出来。全站仪会根据所测竖直角自动进行倾斜改正，显示"水平距离"和"高距"。全站仪精密测距时一定要进行气象改正。

3.3.3　视距测量

视距测量精度较低，只用于要求不高的情况，如水准路线长度的粗略测量等，该方法施测简单快捷。

经纬仪、水准仪都有视距丝，如图 2-11 中上下两根短的横丝。仪器照准标尺时，可以读取标尺的上、下丝读数，两读数相减对应标尺上的一段距离，这段距离随着标尺离开仪器的距离增加而增加。

设 $l=$ 上丝读数－下丝读数，仪器至标尺的水平距离为 D。仪器制造商将仪器设计成：视线水平时 $D=100l$，视线不水平时 $D=100l\cos^2\alpha$，α 为竖直角即视线与水平线的夹角。

3.4 全站仪

全站仪是一种集经纬仪、测距仪、微机等功能于一体的测量仪器，由机械、光电、电子元件组合而成。可以直接测量水平角、竖直角和斜距，借助于机载程序可以完成平距、高差和镜站点的三维坐标测量，具备偏心测量、悬高测量、对边测量、面积测量等功能。

3.4.1 全站仪的特点

（1）三同轴望远镜 在全站仪的望远镜中，照准目标的视准轴、光电测距的红外光发射光轴和接收光轴是同轴的，其光路如图 3-15 所示。因此，测量时使望远镜照准目标棱镜的中心，就能同时测定水平角、垂直角和斜距。

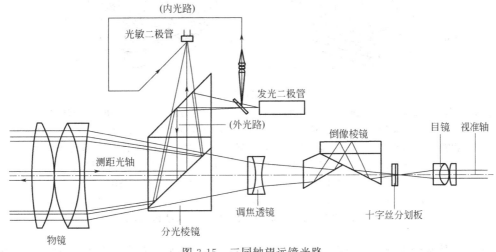

图 3-15 三同轴望远镜光路

（2）键盘操作 全站仪操作的指令、测站等基本数据是通过操作面板的键盘来实现的。键盘按键分为硬键和软键两种。每个硬键有一个固定功能，或者兼有第二、第三功能。软键一般为 F1、F2、F3、F4 等，在不同的模式菜单下有不同的功能。

（3）数据存储与通信 一般全站仪内存可以存储至少 3000 个点的测量数据与坐标数据，有些还配有 CP 卡或 SD 卡来增加存储容量；至少有一个 RS-232C 串行通信接口，使用数据线与计算机的 COM 口或 USB 口连接，通过数据通信软件实现全站仪与 PC 机的双向数据传输。

（4）电子补偿器 仪器未精确整平致使竖轴倾斜引起的角度观测误差不能通过盘左、盘右观测取平均值抵消，为了消除竖轴倾斜误差对角度观测的影响，全站仪设有电子补偿器。补偿器的类型有摆式和液体两种。早期的全站仪有使用摆式补偿器的，如徕卡 TC1000 和 TC1600，现在几乎所有全站仪都使用液体补偿器。液体补偿器的补偿范围一般为 $\pm(3'\sim4')$。打开补偿器时，仪器能自动将竖轴倾斜量分解成视准轴方向和横轴方向两个分量进行倾斜补偿，即双轴补偿。单轴补偿的电子补偿器只能测出竖轴倾斜量在视准轴方向的分量，并对竖盘读数进行改正。此时的电子补偿器相当于竖盘指标自动归零补偿器。

3.4.2 全站仪的使用

不同厂家、不同型号的全站仪虽有差异，但基本功能和使用方法大体相同，包括观测前的准备工作、角度测量、距离测量、三维坐标测量、导线测量、交会定点和放样测量等内容。这里介绍索佳 SET2X 全站仪，如图 3-16 所示。

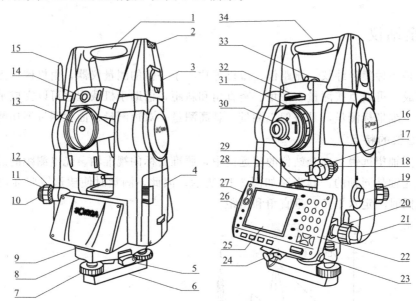

图 3-16 SET2X 全站仪

1—提柄；2—管式罗盘插口；3—提柄锁；4—电池盒盖；5—三角基座制动控制杆；6—底板；7—脚螺旋；8—圆水准器校正螺钉；9—圆水准器；10—光学对中器目镜；11—光学对中器分划板护盖；12—光学对中器调焦环；13—物镜；14—导向光装置；15—蓝牙天线；16—仪器高标志；17—垂直制动钮；18—垂直微动手轮；19—测量便捷键；20—水平微动手轮；21—水平制动钮；22—操作面板；23—触摸笔架；24—数据通信和外接电源组合插口；25—显示窗；26—CF 卡口；27—USB 口；28—照准部水准器校正螺钉；29—照准部水准器；30—望远镜目镜；31—望远镜调焦环；32—激光发射警示灯；33—粗照准器；34—仪器中心标志

SET2X 是基于 Windows CE、真彩色触摸显示的电脑型全站仪，防尘防水，单块内置锂电池可工作 14h。测角精度 2″，角度最小显示 0.5″，测距精度为 $\pm 2mm + 2 \times 10^{-6}D$，距离最小显示 0.1mm，采用液体双轴倾斜补偿器，补偿范围为 $\pm 3'$。SET2X 全站仪增加了导向光功能，导向光可以极大地提高放样测量作业的效率。导向光由红、绿双色光构成，测量人员可以通过所看到导向光的颜色方便地确定仪器望远镜照准的方向。

（1）SET2X 的按键 图 3-17 所示是 SET2X 的操作面板，其基本按键如下。

① 开机与关机：按 ［⏻］ 开机，按 ［⏻+☀］ 关机。

② 设置模式进入与退出：按 ［SETTINGS］ 进入仪器参数设置模式，按 ［ESC］ 或 ［SETTINGS］ 返回前一界面或模式。

③ 进入菜单模式：按 ［PROGRAM］ 由基本模式进入菜单模式。

④ 目标类型切换：按 ［TARGET］ 进入目标类型切换。

⑤ 照准指示光或导向光打开与关闭：按住 ［⏻］ 至听到一声响，打开或关闭照准指示光或导向光。

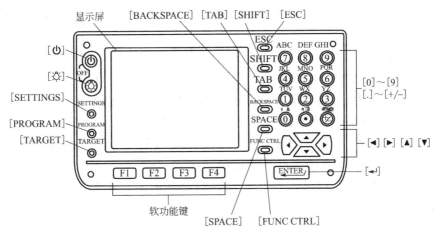

图 3-17　SET2X 操作面板

⑥ 软键操作：按［F1］～［F4］选取软键对应功能，按［FUNC CTRL］进行软键功能菜单页面切换。

⑦ 字母数字输入：有大写字母、小写字母和数字的输入方式可供选用。0～9 在数字输入方式下输入数字或按键上方的字符，在字母输入方式下输入按键上方的字母。

⑧ 其他操作：按［BACKSPACE］删除左边字符，按［SPACE］输入空格或增加设置的日期和时间，按［◀］/［▶］在字母输入方式下左右移动光标，按［▲］/［▼］在字母输入方式下上下移动光标，按［ ↵］确认输入；按［ESC］返回前一界面。

（2）SET2X 的基本界面

① 基本测量界面如图 3-18 所示。

② 输入和设置界面如图 3-19 所示。

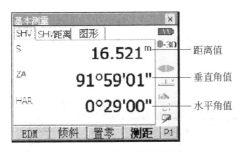

图 3-18　基本测量界面

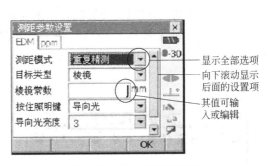

图 3-19　输入和设置界面

③ 图形界面如图 3-20 所示。

（3）角度测量　全站仪对中整平之后，首先盘左位置照准左方目标，在测量模式界面第 1 页菜单下按［置零］键。此时［置零］闪烁显示，再次按［置零］键将照准方向值置为零。顺时针转动全站仪照准右方目标，此时所显示的水平角值"HAR"即为两目标点间的夹角。盘右可仿照经纬仪测回法测量水平角。

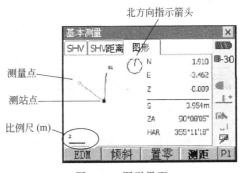

图 3-20　图形界面

49

利用［设角］键可将任何水平方向的值设置为指定值，并依此来进行角度测量。角度测量步骤如下。

① 照准左方目标点 1。

② 在测量模式界面第 2 页菜单下按［设角］键进入角度设置界面。

③ 输入要设定的水平角值。角度的设置也可通过输入坐标或方位角来进行。

④ 按［OK］键确认，水平角被设置为输入的水平角值。

⑤ 照准右方目标点 2。所显示的水平角值"HAR"即为目标点 2 的方向值，该值与目标点 1 方向值之差即为两目标点间的水平夹角。

⑥ 盘右照准右方目标点 2 和左方目标点 1，所显示的水平角"HAR"值之差即为两目标点间的水平夹角。

（4）距离测量

1）测距信号检测步骤。

① 精确照准目标。

② 按［SETTING］键进入设置模式，选取"信号"标签按［信号］键，或直接在测量模式下按［信号］键。按［信号］键后，测距信号强弱以计量条形式显示在屏幕上。计量条黑色部分越长表示测距信号越强。当显示"●"时，表示测距信号强度足以测距。当无"●"显示时，重新精确照准目标。如图 3-21 所示。

③ 按［关闭］结束测距信号检测。按［ESC］键或点击右上角"×"返回前一显示界面。

2）角度距离测量步骤。

① 精确照准目标。

② 在测量模式第 1 页菜单下按［测距］键开始测量。屏幕上显示距离（S）、垂直角（ZA）和水平角（HAR）测量值，如图 3-22 所示。

③ 按［停止］键停止距离测量。按［切换］键可使距离值在"SHV"（斜距、水平角、垂直角）和"SHV 距离"（斜距、平距、高差）标签间进行切换，显示斜距、平距等。

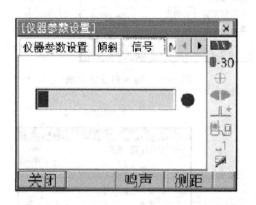

图 3-21　信号检测

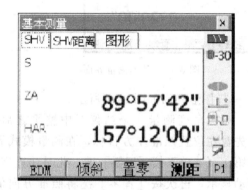

图 3-22　角度距离测量

（5）坐标测量　实施坐标测量前，需要输入并记录测站点坐标、仪器高和目标高等数据。

1) 测站数据输入步骤。

① 量取仪器高和目标高。

② 在"常用测量菜单"界面下选取"坐标测量",如图 3-23 所示。

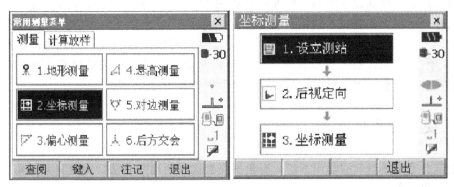

图 3-23　设立测站

③ 选取"设立测站"后输入测站点坐标、点号、仪器高和代码等数据。

④ 按［记录］键记录测站数据后按［OK］键确认进入后视定向界面。按［记录］键可将输入的测站数据保存到工作文件中。

后视定向可以通过输入测站点和后视点坐标,反算坐标方位角或者直接输入方位角值并记录至仪器内存来完成。

2) 坐标定向步骤。

① 在"坐标测量"界面下选取"后视定向",屏幕显示后视定向界面。输入测站数据后也可以进入后视定向界面。

② 选取"输入坐标"标签后输入后视点的坐标。

③ 精确照准后视点,记录后视数据并按［OK］键确认进入"坐标测量"界面。

3) 坐标测量步骤。

① 精确照准目标点。

② 在"坐标测量"界面下选取"坐标测量",如图 3-24 所示。按［测距］键开始和按［停止］键停止坐标测量。目标点坐标值显示在屏幕上,此时还可以选取"图形"标签进入图形显示界面。在输入点号、目标高和代码后按［记录］键可将坐标数据保存到工作文件中。当不需要改变产生的点号、目标高和代码时,按［测存］键可方便地将坐标数据自动保存到工作文件中。

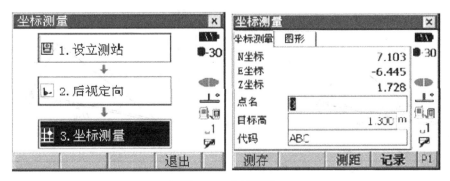

图 3-24　坐标测量

③ 照准下一目标后按［测距］继续测量，以同样方法完成全部目标点的测量。

④ 按［ESC］键或点击屏幕右上角的"×"结束测量返回"坐标测量"界面。

对于图 3-1，可以将全站仪安置在 A 点，对中、整平之后，输入测站点坐标（x_A，y_A，H_A）、仪器高 i 等数据设立测站，照准后视点 B 输入 B 点坐标（x_B，y_B，H_B）进行后视定向，此时全站仪会根据式(3-4)计算 α_{AB}，并将水平度盘配置为该值。精确照准待定点 P，水平度盘读数就是直线 AP 的方位角 α_{AP}，全站仪可以测量 A、P 两点之间的距离，利用式(3-5)计算 P 点坐标并显示出来，完成坐标测量的任务。输入棱镜高，可以利用仪器高、所测竖直角、水平距离根据三角高程测量原理计算 P 点高程。

3.5 交会定点

交会定点是坐标测量的常用方法，有角度交会法和距离交会法。此处只介绍角度交会的前方交会法和距离交会法。

3.5.1 前方交会法

图 3-1 中为了求 P 点坐标，测量直线 AP、AB 和直线 BA、BP 所夹的水平角，即图 3-25 中的 β_1、β_2，则

$$\gamma = 180° - (\beta_1 + \beta_2) \tag{3-20}$$

由正弦定理得

$$D_{AP} = \frac{D_{AB}}{\sin\gamma}\sin\beta_2 \tag{3-21}$$

确定了 D_{AP} 和 β_1，即可利用极坐标法计算 P 点坐标。也可以直接利用下列公式计算：

$$\begin{cases} x_P = \dfrac{x_A\cot\beta_2 + x_B\cot\beta_1 + (y_B - y_A)}{\cot\beta_1 + \cot\beta_2} \\[3mm] y_P = \dfrac{y_A\cot\beta_2 + y_B\cot\beta_1 + (x_A - x_B)}{\cot\beta_1 + \cot\beta_2} \end{cases} \tag{3-22}$$

式(3-22)对应图 3-25 中 A、B、P 的位置和角度，使用时应注意。

角度交会法无需测量距离，因此可用于无法测距的情况。

3.5.2 距离交会法

图 3-1 中为了求 P 点坐标，可以直接测量 AP 和 BP 的长度，即图 3-26 中的 D_{AP}、D_{BP}。

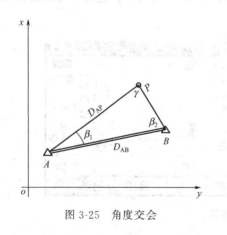

图 3-25　角度交会

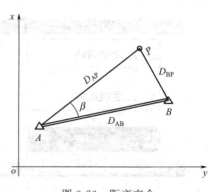

图 3-26　距离交会

由余弦定理知，可以利用 D_{AP}、D_{BP} 和 D_{AB} 计算图中 β，确定了 D_{AP}、β 就可以利用极坐标法计算 P 点坐标。

上述方法可以用于 A、B 两点不通视的情况，选 P 点安置全站仪测量距离 D_{AP}、D_{BP}，计算 P 点坐标。

3.6 导线测量

利用极坐标法得到图 3-1 中 P 点坐标后，假如还需要测量 Q 点坐标，如图 3-27 所示，可以把 A、P 作为已知点同样利用极坐标法计算 Q 点坐标。将数据和点位在坐标系里绘制出来，如图 3-28 所示，就构成了支导线。

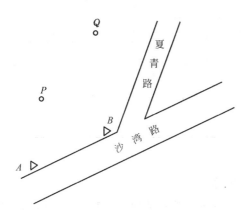

图 3-27　测量任务

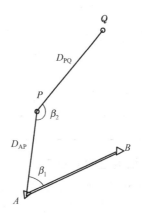

图 3-28　支导线

3.6.1　导线的布设形式

（1）闭合导线　自某一已知点出发经过若干点的连续折线仍回到原来的点，形成一个闭合多边形，如图 3-29 所示。

（2）附合导线　自某一高一级的已知点（或国家控制点）出发，附合到另一个高一级的已知点上的导线。如图 3-30 所示，A、B、C、D 为高一级的已知点，从已知点 B（作为附合导线的第 1 点）出发，经 2、3、4、5 等点附合到另一已知点 C（作为附合导线的最后一点 6），布设成附合导线。

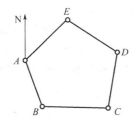

图 3-29　闭合导线示意图

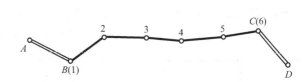

图 3-30　附合导线与支导线示意图

（3）支导线　仅是一端连接在高一级已知点上的伸展导线（图 3-28）。支导线在测量中若发生错差，无法校核，故一般只允许从高一级已知点引测一点，一般不超过两点。

导线按测量边长方法的不同分为钢尺量距导线和电磁波测距导线。二者仅测距方法不同，其余工作完全相同。

3.6.2 导线测量的等级与技术要求

在进行导线测量时，究竟采用何种形式，应根据原有已知点可利用的情况和密度、地形条件、测量精度要求及仪器设备而定。

导线测量通常可分为一级导线、二级导线、三级导线和图根导线几个等级，其主要技术指标列入表 3-4 中，表中 n 为测角个数。

表 3-4　导线测量主要技术指标

等级	测图比例尺	导线全长 /m	平均边长 /m	往返丈量相对中误差	测角中误差/(")	导线全长相对闭合差	测回数 DJ₂	测回数 DJ₆	角度闭合差/(")
一级	—	4000	500	1/30000	±5	1/15000	2	4	$\pm10\sqrt{n}$
二级		2400	250	1/14000	±8	1/10000	1	3	$\pm16\sqrt{n}$
三级		1200	100	1/7000	±12	1/5000	1	2	$\pm24\sqrt{n}$
图根	1:500	500	75	1/3000	±20	1/2000		1	$\pm60\sqrt{n}$
	1:1000	1000	110						
	1:2000	2000	180						

3.6.3 导线测量的外业工作

导线测量的外业工作包括踏勘选点、测角、量边等。

（1）踏勘选点　测量前应广泛收集与测区有关的测量资料，如原有三角点、导线点、水准点的成果，各种比例尺的地形图等；然后做出导线的整体布置设计，并到实地踏勘，了解测区的实际情况；最后根据测图的需要，在实地选定导线点的位置，并埋设点位标志，给予编号或命名。选点时应注意做到以下几点。

① 导线应尽量沿交通线布设，相邻导线点间应通视良好、地势平坦，便于丈量边长。

② 导线点应选择在有利于安置仪器和保存点位的地方，最好选在土质坚硬的地面上。

③ 导线点应选在视野比较开阔的地方，不应选在低洼、闭塞的角落，以便碎部测量或加密。

④ 导线边长应大致相等或遵照表 3-4 规定的平均边长。尽量避免由短边突然过渡到长边。短边应尽量少用，以减小照准误差的影响，提高导线测量的点位精度。

⑤ 导线点在测区内应有一定的数量，密度应均匀，便于控制整个测区。

导线点选定后，应用明显的标志固定下来，通常是用一木桩打入土中，桩顶高出地面 1～2cm，并在桩顶钉一小钉，作为临时性标志。当导线点选择在水泥、沥青等坚硬地面时，可直接钉一钢钉作为标志，需要长期保存使用的导线点应埋设混凝土桩，桩顶刻"十"字，作为永久性标志。导线点选定后，应进行统一编号。为了方便寻找，还应对每个导线点绘制"点之记"，如图 3-31 所示，注明导线点与附近固定地物点的距离。

（2）测角　用测回法观测导线的转折角，导线的转折角分左角和右角，位于导线前进方向左侧的角称为左角，位于导线前进方向右侧的角称为右角。附合导线

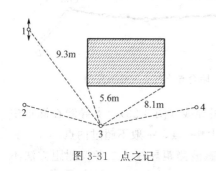

图 3-31　点之记

中，测量导线的左角时，闭合导线中均测内角，若闭合导线按逆时针方向编号，则其内角即左角，这样便于坐标方位角的推算。对于图根导线，一般用 DJ$_6$ 光学经纬仪观测一个测回，其半测回角值之差不得超过 $\pm36''$。其他等级的导线测角技术要求见表 3-4。

（3）量边　用来计算导线点坐标的导线边长应是水平距离。边长可以用全站仪观测，也可用检定过的钢尺丈量。对于等级导线，应按规范进行精密测距；对于图根导线，若用钢尺量距，可以往、返各丈量 1 次，也可以同一方向丈量 2 次，取其平均值，其相对误差应不大于 1/3000。

3.6.4　导线测量的内业计算

导线测量内业计算的目的是计算各导线点的坐标。因此，在外业工作结束后，首先应整理外业测量资料。导线测量内业计算所必须具备的资料有各导线边的水平距离，导线各转折角和导线边与已知边所夹的连接角和高级控制点的坐标。计算前应对上述数据进行检查复核，当确认无误后，可绘制导线草图，注明已知数据和观测数据，并填入导线坐标计算表。

（1）闭合导线坐标计算　闭合导线是由各导线点组成的多边形，因此它必须满足两个条件：一是多边形内角和条件；二是坐标条件，即由起始点的已知坐标，逐点推算导线点的坐标到最后一点后继续推算起始点的坐标，推算得出的坐标应等于已知坐标。现以表 3-5 中的图形为例，说明其计算步骤。

① 角度闭合差的计算与调整　具有 n 条边的闭合导线构成的多边形，内角和理论上应满足下面的条件：

$$\sum \beta_\text{理} = (n-2) \times 180° \tag{3-23}$$

设内角观测值的总和为 $\sum \beta_\text{测}$，则角度闭合差：

$$f_\beta = \sum \beta_\text{测} - (n-2) \times 180° \tag{3-24}$$

角度闭合差是角度观测质量的检验条件，各级导线角度闭合差的允许值按表 3-4 的规定计算。若 $f_\beta \leqslant f_{\beta\text{允}}$，说明该导线水平角观测的成果可用；否则应返工重测。

由于角度观测的精度是相同的，角度闭合差的调整往往采用平均分配原则，即将角度闭合差按相反符号平均分配到各角中（计算到秒），其分配值称角改正数 V_β，用下式计算：

$$V_\beta = -\frac{f_\beta}{n} \tag{3-25}$$

调整后的角值为

$$\beta = \beta_\text{测} + V_\beta \tag{3-26}$$

调整后的内角和应满足多边形内角和条件。

② 坐标方位角推算　用起始边的坐标方位角和改正后的各内角可推算其他各边的坐标方位角。推导公式为

$$\alpha_\text{前} = \alpha_\text{后} + \beta_\text{左} \pm 180° \tag{3-27}$$

以表 3-5 中的图为例，按 1—2—3—4—1 逆时针方向推算，使多边形内角即为导线前进方向的左角。为了检核，还应推算回起始边。

③ 坐标增量闭合差的计算与调整　根据导线各边的边长和坐标方位角，按坐标正算公式计算各导线边的坐标增量。对于闭合导线，其纵、横坐标增量代数和的理论值应分别等于零（图 3-32），即

$$\begin{cases} \sum \Delta x_\text{理} = 0 \\ \sum \Delta y_\text{理} = 0 \end{cases} \tag{3-28}$$

表 3-5　闭合导线坐标计算

点号	观测角	改正数	改正角	方位角	距离/m	增量计算值/m		改正后增量/m		坐标值/m	
						Δx	Δy	$\Delta x'$	$\Delta y'$	x	y
1				144°36′00″	77.38	−0.02	−0.01	−63.09	44.81	500.00	800.00
						−63.07	44.82				
2	89°33′47″	+16″	89°34′03″							436.91	844.81
				54°10′03″	128.05	−0.03	−0.02	74.93	103.79		
						74.96	103.81				
3	72°59′47″	+16″	73°00′03″							511.84	948.60
				307°10′06″	79.38	−0.02	−0.01	47.94	−63.27		
						47.96	−63.26				
4	107°49′02″	+16″	107°49′18″							559.78	885.33
				234°59′24″	104.16	−0.02	−0.02	−59.78	−85.33		
						−59.76	−85.31				
1	89°36′20″	+16″	89°36′36″							500.00	800.00
2				144°36′00″							
总和	359°58′56″	+64″	360°00′00″		388.97	+0.09	+0.06	0.00	0.00		

辅助计算

$f_\beta = \sum \beta_测 - \sum \beta_理 = 359°58′56″ - 360° = -64″$

$f_{\beta容} = \pm 60\sqrt{4} = \pm 120″$

$f_x = \sum \Delta x_测 = +0.09(\text{m})$

$f_y = \sum \Delta y_测 = +0.06(\text{m})$

$f_D = \sqrt{f_x^2 + f_y^2} = 0.11(\text{m})$

$K = \dfrac{f_D}{\sum D} = \dfrac{0.11}{388.97} = \dfrac{1}{3500} \leqslant \dfrac{1}{2000}$

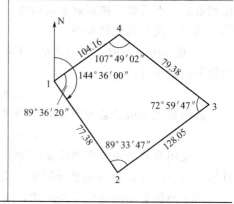

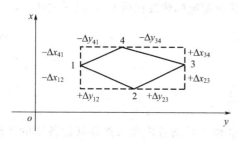

图 3-32　坐标增量

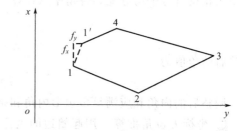

图 3-33　坐标增量闭合差

由于量边的误差和角度闭合差调整后存在的残余误差，使得由起点 1 出发，经过各点的坐标增量计算，其纵、横坐标增量的总和 $\sum \Delta x_测$、$\sum \Delta y_测$ 都不等于零，这就存在着导线纵坐标增量闭合差 f_x 和横坐标增量闭合差 f_y，其计算式为

$$\begin{cases} f_x = \sum \Delta x_测 - \sum \Delta x_理 = \sum \Delta x_测 \\ f_y = \sum \Delta y_测 - \sum \Delta y_理 = \sum \Delta y_测 \end{cases} \qquad (3\text{-}29)$$

如图 3-33 所示，由于坐标增量闭合差 f_x、f_y 的存在，从导线点 1 出发，最后不是闭合到出发点 1，而是 1′点，期间产生了一段差距，这段距离称为导线全长闭合差 f_D，由图 3-33 可知：

$$f_D = \sqrt{f_x^2 + f_y^2} \tag{3-30}$$

导线全长闭合差是由测角误差和量边误差共同引起的；一般说来，导线越长，全长闭合差就越大。因此，要衡量导线的精度，可用导线全长闭合差 f_D 与导线全长 $\sum D$ 的比值来表示，得到导线全长相对闭合差（或称导线相对精度）K，且转化成分子是 1 的分数形式：

$$K = \frac{f_D}{\sum D} = \frac{1}{\sum D / f_D} \tag{3-31}$$

不同等级的导线，其导线全长相对闭合差有着不同的限差，见表 3-4。当 $K \leq K_允$ 时，说明该导线符合精度要求，可对坐标增量闭合差进行调整。调整的原则是将 f_x、f_y 反与边长成正比例分配到各边的纵、横坐标增量中，即

$$\begin{cases} V_{xi} = -\dfrac{f_x}{\sum D} \times D_i \\[3mm] V_{yi} = -\dfrac{f_y}{\sum D} \times D_i \end{cases} \tag{3-32}$$

式中　V_{xi}，V_{yi}——第 i 条边的坐标增量改正数；

　　　　D_i——第 i 条边的边长。

计算坐标增量改正数 V_{xi}、V_{yi} 时，其结果应进行凑整，满足

$$\begin{cases} \sum V_{xi} = -f_x \\ \sum V_{yi} = -f_y \end{cases} \tag{3-33}$$

④ 导线点坐标计算　根据起始点的坐标和改正后的坐标增量 $\Delta x_i'$、$\Delta y_i'$，可以依次推算各导线点的坐标，即

$$\begin{cases} \Delta x_i' = \Delta x_i + V_{xi} \\ \Delta y_i' = \Delta y_i + V_{yi} \end{cases} \tag{3-34}$$

$$\begin{cases} x_{i+1} = x_i + \Delta x_i' \\ y_{i+1} = y_i + \Delta y_i' \end{cases} \tag{3-35}$$

最后还应推算起始点的坐标，其值应与原有的数值一致，以进行校核。

（2）附合导线计算　其方法与闭合导线的计算方法基本相同，但由于计算条件有些差异，致使角度闭合差与坐标增量闭合差的计算有所不同，现介绍如下。

如图 3-34 所示为一附合导线，它的起始边与附合边皆已知，因此可按坐标反算公式计算 AB 和 CD 的方位角 α_{AB} 和 α_{CD}，即

$$\alpha_{AB} = \arctan \frac{y_B - y_A}{x_B - x_A}$$

$$\alpha_{CD} = \arctan \frac{y_D - y_C}{x_D - x_C}$$

① 角度闭合差的计算　附合导线的角度闭合条件是方位角条件，即由起始边的坐标方位角 α_{AB} 和左角 β_i，推算得附合边的坐标方位角 α_{CD}' 应与已知 α_{CD} 一致，否则就存在角度闭合差。现以图 3-34 为例推算角度闭合差 f_β 如下：

$$\alpha_{12} = \alpha_{AB} + \beta_1 \pm 180°$$

$$\alpha_{23} = \alpha_{12} + \beta_2 \pm 180°$$

$$\cdots\cdots$$

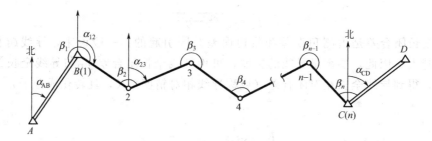

图 3-34　附合导线计算

$$\alpha'_{CD} = \alpha_{(n-1)n} + \beta_n \pm 180°$$

综合以上各式得

$$\alpha'_{CD} = \alpha_{AB} + \sum \beta_{测} \pm n \times 180° \tag{3-36}$$

式(3-36)算得的方位角应减去若干个360°,使其角在0°~360°之间。

附合导线的角度闭合差为

$$f_\beta = \alpha'_{CD} - \alpha_{CD} \tag{3-37}$$

附合导线角度闭合差的允许值的计算公式及闭合差的调整方法,与闭合导线相同。

② 坐标增量闭合差计算　附合导线两个端点(起点B及终点C)都是高一级的控制点,其坐标值精度较高,误差可忽略不计,故可得

$$\begin{cases} \sum \Delta x_{理} = x_{终} - x_{始} \\ \sum \Delta y_{理} = y_{终} - y_{始} \end{cases} \tag{3-38}$$

由于测角和量距含有误差,坐标增量不能满足理论上的要求,会产生坐标增量闭合差,即

$$\begin{cases} f_x = \sum \Delta x_{测} - \sum \Delta x_{理} = \sum \Delta x_{测} - (x_{终} - x_{始}) \\ f_y = \sum \Delta y_{测} - \sum \Delta y_{理} = \sum \Delta y_{测} - (y_{终} - y_{始}) \end{cases} \tag{3-39}$$

求得坐标增量闭合差后,闭合差的限差和调整以及其他计算与闭合导线相同。附合导线坐标计算的全过程如表3-6所示的算例。

(3) 全站仪导线测量　全站仪可以直接测量点的坐标,所以利用全站仪进行导线测量时,可以采用盘左、盘右测量坐标的方式进行。以图3-34为例,在B点安置经纬仪,照准A点定向,盘左、盘右测量2点的坐标及B、2两点之间的水平距离;然后将全站仪搬至2点,后视B点定向,盘左、盘右测量3点的坐标及2、3点间的距离,这样一直测到C点。首先计算坐标闭合差:

$$\begin{cases} f_x = x_{C测} - x_{C已知} \\ f_y = y_{C测} - y_{C已知} \end{cases} \tag{3-40}$$

然后按式(3-30)计算f_D。根据式(3-31)计算导线全长相对闭合差。如果合限,进行坐标闭合差分配,否则重新测量。

闭合差分配如果按式(3-32)计算,再加到坐标增量上计算改正后的坐标,就显得麻烦。所以将上述过程调整为式(3-41)计算改正后的坐标:

$$\begin{cases} x'_i = x_i + \sum_1^i V_{xi} \\ y'_i = y_i + \sum_1^i V_{yi} \end{cases} \tag{3-41}$$

表 3-6　附合导线坐标计算

点号	观测角	改正数	改正角	方位角	距离/m	增量计算值/m		改正后增量/m		坐标值/m	
						Δx	Δy	$\Delta x'$	$\Delta y'$	x/m	y/m
A				224°02′52″						843.40	1264.29
$B(1)$	114°17′00″	−2″	114°16′58″							640.93	1068.44
				158°19′50″	82.17	+0	+0.01	−76.36	+30.35		
						−76.36	+30.34				
2	146°59′30″	−2″	146°59′28″							564.57	1098.79
				125°19′18″	77.28	+0	+0.01	−44.68	+63.06		
						−44.68	+63.05				
3	135°11′30″	−2″	135°11′28″							519.89	1161.85
				80°30′46″	89.64	+0	+0.02	+14.77	+88.43		
						+14.77	+88.41				
4	145°38′30″	−2″	145°38′28″							534.66	1250.28
				46°09′14″	79.84	+0	+0.01	+55.31	+57.59		
						+55.31	+57.58				
$C(5)$	158°00′00″	−2″	157°59′58″							589.97	1307.87
				24°09′12″							
D										793.61	1399.19
总和	700°06′30″	−10″	700°06′20″		328.93	−50.96	+239.38	−50.96	+239.43		

辅助计算

$$\alpha_{AB} = \arctan \frac{y_B - y_A}{x_B - x_A} = 224°02′52″$$

$$\alpha_{CD} = \arctan \frac{y_D - y_C}{x_D - x_C} = 24°09′12″$$

$$\alpha'_{CD} = \alpha_{AB} + \sum \beta_{测} - n \times 180° = 24°09′22″$$

$$f_\beta = \alpha'_{CD} - \alpha_{CD} = 24°09′22″ - 24°09′12″ = +10″$$

$$f_{\beta容} = \pm 60\sqrt{5} = \pm 134″$$

$$f_x = \sum \Delta x - (x_C - x_B) = +0.00 (\text{m})$$

$$f_y = \sum \Delta y - (y_C - y_B) = -0.05 (\text{m})$$

$$f_D = \sqrt{f_x^2 + f_y^2} = 0.05 (\text{m})$$

$$K = \frac{f_D}{\sum D} = \frac{0.05}{328.93} = \frac{1}{6600} \leqslant \frac{1}{2000}$$

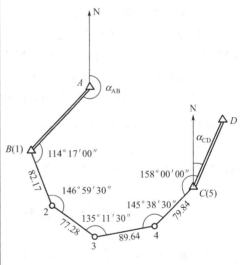

3.7 坐标测量中的误差及注意事项

坐标测量中的误差主要来自仪器误差、观测误差和外界条件影响。

3.7.1 水平角测量中的误差及注意事项

（1）仪器误差　其来源有视准轴误差、横轴误差、竖轴倾斜误差、度盘偏心差、度盘刻划误差等。视准轴误差是由于望远镜视准轴不与横轴垂直造成的误差，该误差可以通过盘左、盘右观测来消除；横轴误差是横轴不水平造成的，采用盘左、盘右观测可以有效消除其影响；竖轴倾斜误差是由于竖轴与水准管轴不垂直，仪器精平后，竖轴与铅垂线方向有一夹角而造成的误差，应对措施是注意检校水准管轴与竖轴的关系，并在观测过程中注意仪器整平；度盘偏心差是由于度盘中心与照准部中心不一致造成的，可以通过盘左、盘右观测来消除；度盘刻划误差可以通过在不同测回间配置水平度盘来减弱。

（2）观测误差　包括：对中误差、整平误差、目标偏心误差、照准误差、读数误差。限制对中误差需要注意检校光学对中器，并保持精确对中，尤其是短边观测时更应注意精确对中；整平误差直接引起竖轴倾斜误差，因此必须严格精平，并保持观测过程中气泡偏离量在2格内；目标偏心是由于测量时目标标志与观测点没严格在同一铅垂线上或标志倾斜造成的，所以观测时应尽量照准观测标志的底部或以吊铅垂线作为测量标志；照准误差和读数误差可以从两方面避免，一是选择有利的观测时间，二是提高观测者的熟练程度。

（3）外界条件影响　外界条件诸如温度、风力、能见度、大气折光等都会影响测量结果，因此选择有利的观测时间是非常重要的。

3.7.2　水平距离测量中的误差及注意事项

（1）钢尺量距　其误差主要有尺长误差、温度误差、拉力误差、定线误差、钢尺不水平误差、丈量误差等。对于尺长误差采取用前检定，用时加改正方法消减；钢尺长度随温度变化而变化，所以要读记钢尺温度，进行温度改正，减弱温度误差的方法是尽量用点式温度计测量钢尺温度；克服拉力误差可以采用弹簧秤控制拉力大小；减弱定线误差的方法是尽量采用仪器定线；丈量误差可以通过往返测等方式来消减。

（2）电磁波测距　应注意测线应离开障碍物1.3m以上，且避开发热体和较宽水面；避开强电磁场干扰，如变压器、高压线等，测距时不应打手机，不使用对讲机等通信设备；避免镜站上有反光体、强光源等；应选择有利的观测条件，测时打伞。

全站仪坐标测量实际包含了水平角和水平距离测量。因此在全站仪坐标测量时应兼顾水平角测量的注意事项和电磁波测距的注意事项。

小结：本单元介绍了极坐标法、角度交会法、距离交会法和导线测量等坐标测量方法。阐述了利用经纬仪、钢尺、全站仪等工具进行水平角测量、距离测量和坐标测量的方法和步骤。结合算例介绍了导线测量的内业计算。

能力训练 3-1　水平角测量能力评价

（1）能力目标　能熟练使用经纬仪，掌握角度测量的基本方法；能完成水平角测量的记录和计算。

（2）考核项目（工作任务）　根据已有测量标志，以个人为单位，用 DJ₆ 经纬仪在现场完成一个水平角的测量，并完成记录及计算工作。

（3）考核环境　场地和仪器工具准备：选一较为宽阔的场地，根据现场条件和给定测量标志，利用测回法完成水平角的测量、记录及数据计算工作。经纬仪 1 套，测钎或标杆 2根，木桩若干，铁锤 1 把，记录板 1 块。

（4）考核时间　操作要求在 15min 内完成。

（5）评价方法　考核在小组内进行，以个人为单位进行考核。检核满足规范要求，根据所用时间、仪器的操作熟练程度、测量结果的精度等综合评定成绩。

（6）评价标准及评价记录表　见表3-7。

表 3-7　水平角测量能力评价考核记录

班级：＿＿＿＿＿＿＿＿　　　组别：第＿＿＿＿组　　　考核教师：＿＿＿＿＿＿＿＿＿

观测员（被考核人）：＿＿＿＿＿＿＿＿　　　配合操作员：＿＿＿＿＿＿＿＿＿＿＿＿

控制点：＿＿＿＿＿＿＿＿　　　日期：＿＿＿＿＿＿＿＿　　　仪器：＿＿＿＿＿＿＿＿

考核项目	考核指标	配分	评分标准及要求	得分	备注
经纬仪使用	方法正确及操作规范程度	10	操作合理规范,否则按具体情况扣分		
	经纬仪的安置精度和熟练程度	10	对中误差不超过1mm,整平误差不超过一格,安置熟练,否则,根据情况扣分		
	角度较差	20	要求≤36″,超限不得分		
	记录、计算的清晰准确程度	20	记录完整整洁、计算正确,否则扣分		
	时间	20	5min 内为满分;5～10min 得 15 分;10～15min 得 10 分;超过 15min 得 0 分		
	其他能力:学习、沟通、分析问题解决问题的能力等	10	由考核教师根据学生表现酌情给分		
	仪器、设备使用维护是否合理、安全及其他	10	工作态度端正,仪器使用维护到位,文明作业,无不安全事件发生,否则按具体情况扣分		
考核结果与评价	考评评分合计				
	考评综合等级				
	综合评价:				

能力训练 3-2　全站仪坐标测量能力评价

（1）能力目标　能利用全站仪完成角度测量、高差高程测量、距离测量、坐标测量，并进行数据记录存储工作。

（2）考核项目（工作任务）　要求利用全站仪，完成指定控制点间的水平角测量、距离测量，完成观测目标的竖直角测量和坐标、高程测量。

（3）考核环境　场地和仪器工具准备：选一较为宽阔的场地，根据控制点和给定测量标志，用全站仪完成角度测量、高差高程测量、距离测量、坐标测量，并进行数据记录存储工作。全站仪1套，棱镜2套，木桩若干，铁锤1把，记录板1块。

（4）考核时间　一个人的操作需要在10min内完成。

（5）评价方法　考核在小组内进行，以个人为单位进行考核。检核满足规范要求，根据所用时间、仪器的操作熟练程度、测量结果的精度等综合评定成绩。

（6）评价标准及评价记录表　见表3-8。

表 3-8　全站仪坐标测量能力评价考核记录

班级：_____　　组别：第_____组　　考核教师：_____

观测员(被考核人)：_____　　配合操作员：_____

控制点：_____　　日期：_____　　仪器：_____

考核项目	考核指标	配分	评分标准及要求	得分	备注
全站仪 使用	方法正确及操作规范程度	10	操作合理规范,否则按具体情况扣分		
	全站仪安置精度和仪器操作熟练程度	10	对中误差不超过1mm,整平误差不超过一格,仪器操作熟练,否则,根据情况扣分		
	读数、记录	10	读数和记录正确、规范		
	坐标测量精度	25	精度符合要求(≤5mm),否则按具体情况扣分		
	时间	25	按规定时间内完成,5min内为满分;5~10min得15分;10~15min得10分;超过15min得0分		
	其他能力:学习、沟通、分析问题和解决问题的能力等	10	由考核教师根据学生表现酌情给分		
	仪器、设备使用维护是否合理、安全及其他	10	工作态度端正,仪器使用维护到位,文明作业,无不安全事件发生,否则按具体情况扣分		
考核结果与评价	考评评分合计				
	考评综合等级				
	综合评价:				

思考与练习

1. 分析水平角测量的操作步骤,查找资料,说明原因。

2. 说明经纬仪、全站仪对中、整平的目的和操作步骤。

3. 现场完成水平角测量与记录、计算。

4. 直线定线用于什么时候？有哪些方法？

5. 利用钢尺实测一段 60~100m 的水平距离,完成测量、记录、计算,要求往返测相对误差应不超过 1/2000。

6. 图 3-35 所示是经纬仪视距测量的读数窗,如果竖盘是顺时针刻划的,请计算仪器到标尺的水平距离。

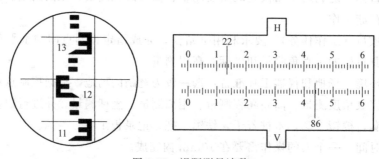

图 3-35　视距测量读数

7. 叙述电磁波测距的原理。

8. 电磁波测距应注意哪些问题？

9. 叙述利用全站仪进行坐标和高程测量的步骤。

10. 利用全站仪完成指定目标的水平角测量、竖直角测量、水平距离测量和坐标高程测量，并进行记录和计算。

11. 坐标方位角是如何定义的?

12. 写出坐标增量与水平距离、方位角的关系。

13. 根据表 3-9 的水平角测量结果计算其中 AC 的方位角。

表 3-9　水平角测量结果

测站	目标	竖盘位置	水平度盘读数	半测回水平角	一测回水平角	图　例
A	B	盘左	0°03′36″			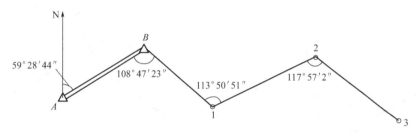
	C		232°17′18″			
	C	盘右	52°17′12″			
	B		180°03′42″			

14. 如果上题中 AC 的水平距离为 110m，计算 C 点坐标。

15. 推算图 3-36 中 B1、12、23 的方位角。

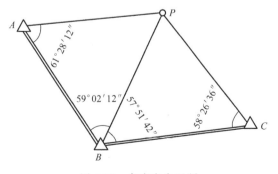

图 3-36　方位角推算习题

16. 图 3-37 中 A、B、C 三点坐标分别为（560.298，887.815）、（323.372，1045.933）、（359.658，1349.350），单位为 m，请计算 P 点坐标。

图 3-37　角度交会习题

17. 上题中如果不测量水平角，而是测量 AP、BP、CP 的水平距离依次为 283.500m、290.463m、288.639m，请计算 P 点坐标。

18. 利用全站仪直接测量一条闭合导线，观察导线全长相对闭合差可以达到什么等级。写出作业过程，提供记录数据。

19. 图 3-38 中 A 点坐标为 (307.855, 1072.711), 请完成闭合导线计算, 长度和坐标单位均为 m。

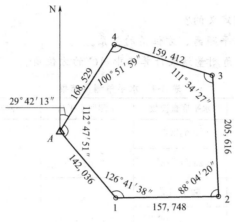

图 3-38　闭合导线习题

20. 图 3-39 中 B、C 点坐标分别为 (251.539, 1870.850)、(383.330, 2368.055), 请完成附合导线计算, 长度和坐标单位均为 m。

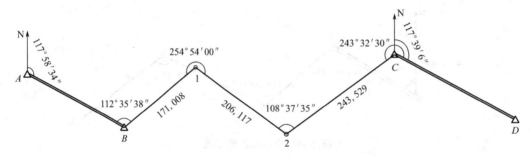

图 3-39　附合导线习题

GPS 定位及应用

4.1　GPS 基础知识

4.1.1　GPS 定位系统的概念及组成

　　全球定位系统（global positioning system，简称 GPS）是美国从 20 世纪 70 年代开始研制的用于军事部门的新一代卫星导航与定位系统，历时 20 年，耗资 200 多亿美元，分三阶段研制，陆续投入使用，并于 1994 年全面建成。GPS 是以卫星为基础的无线电卫星导航定位系统，它具有全能性、全球性、全天候、连续性和实时性的精密三维导航与定位功能，而且具有良好的抗干扰性和保密性。因此 GPS 技术率先在大地测量、工程测量、航空摄影测量、海洋测量、城市测量等测绘领域得到了应用，并在军事、交通、通信、资源、管理等领域展开研究并得到广泛应用。

　　GPS 主要由空间卫星星座、地面监控站及用户设备三部分构成。

　　（1）GPS 空间卫星星座　　卫星星座由 21 颗工作卫星和 3 颗在轨备用卫星组成。24 颗卫星均匀分布在 6 个轨道平面内，轨道平面的倾角为 55°，卫星的平均高度为 20200km，运行周期为 11h58min。卫星用 L 波段的两个无线电载波向广大用户连续不断地发送导航定位信

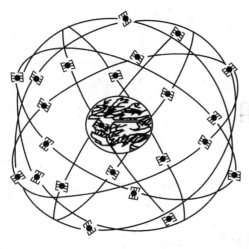

图 4-1　GPS 卫星星座

号，导航定位信号中含有卫星的位置信息，使卫星成为一个动态的已知点。在地球的任何地点、任何时刻，在高度角 15°以上，平均可同时观测到 6 颗卫星，最多可达到 9 颗。如图 4-1 所示。

（2）GPS 地面监控站　主要由分布在全球的 1 个主控站、3 个注入站和 5 个监测站组成，如图 4-2 所示。主控站根据各监测站对 GPS 卫星的观测数据，计算各卫星的轨道参数、钟差参数等，并将这些数据编制成导航电文，传送到注入站，再由注入站将主控站发来的导航电文注入相应卫星的存储器中。

（3）GPS 用户设备　由 GPS 接收机、数据处理软件及其终端设备（如计算机）等组成。GPS 接收机可捕获到按一定卫星高度截止角所选择的待测卫星的信号，跟踪卫星的运行，并对信号进行交换、放大和处理，再通过计算机和相应软件，经基线解算、网平差，求出 GPS 接收机中心（测站点）的三维坐标。

图 4-2　GPS 地面监控站的分布

4.1.2　GPS 定位的基本原理

GPS 定位是根据测量中的距离交会定点原理实现的。如图 4-3 所示，在待测点 T_i 设置 GPS 接收机，在某一时刻同时接收到 3 颗（或 3 颗以上）卫星 S_1、S_2、S_3 所发出的信号。通过数据处理和计算，可求得该时刻接收机天线中心（测站点）至卫星的距离 ρ_1、ρ_2、ρ_3。根据卫星星历可查到该时刻 3 颗卫星的三维坐标 $(X_j, Y_j, Z_j)(j=1,2,3)$，从而由下式解算出 T_i 点的三维坐标 (X, Y, Z)：

$$\begin{cases} \rho_1^2 = (X-X_1)^2 + (Y-Y_1)^2 + (Z-Z_1)^2 \\ \rho_2^2 = (X-X_2)^2 + (Y-Y_2)^2 + (Z-Z_2)^2 \\ \rho_3^2 = (X-X_3)^2 + (Y-Y_3)^2 + (Z-Z_3)^2 \end{cases} \qquad (4\text{-}1)$$

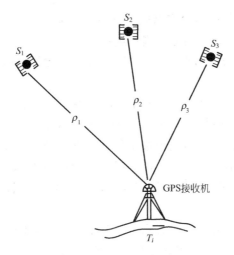

图 4-3　GPS 绝对定位原理

4.1.3　GPS 定位系统的特点

相对于常规测量来说，GPS 测量主要有以下特点。

（1）测量精度高　GPS 观测的精度明显高于一般常规测量：在小于 50km 的基线上，其相对定位精度可达 1×10^{-6}，在大于 1000km 的基线上可达 1×10^{-8}。

（2）测站间无需通视　GPS 测量不需要测站间相互通视，可根据实际需要确定点位，使得选点工作更加灵活方便。

（3）观测时间短　随着 GPS 测量技术的不断完善，软件的不断更新，在进行 GPS 测量时，静态相对定位每站仅需 20s 左右，动态相对定位仅需几秒。

（4）仪器操作简便　目前 GPS 接收机自动化程度越来越高，且操作智能化，观测人员只需对中、整平、量取天线高及开机后设定参数，接收机即可进行自动观测和记录。

（5）全天候作业　GPS 卫星数目多，且分布均匀，可保证在任何时间、任何地点连续进行观测，一般不受天气状况的影响。

（6）提供三维坐标　GPS 测量可同时精确测定测站点的三维坐标，其高程精度已可满足四等水准测量的要求。

4.2　GPS 静态定位

GPS 静态定位常用于控制测量。控制测量可以理解为一项提供基础数据的工作。国家通过一等锁、二等网，城市通过三等、四等控制网建立起我国的基础控制网。图 3-1 中的 A、B 就是城市控制网的控制点。与常规测量相类似，GPS 定位测量也可划分为方案设计、外业实施、数据处理三个阶段。本节主要介绍 GPS 测量的技术设计和外业实施工作。

4.2.1　GPS 定位的技术设计

GPS 测量技术设计是进行 GPS 定位的最基本的工作，它是依据国家有关规范（规程）及 GPS 网的用途、用户的要求等，对 GPS 控制网的网形、精度及基准进行具体的设计。

（1）GPS 网的技术设计依据　主要依据是 GPS 测量规范（规程）和测量任务书。

1）GPS 测量规范（规程）。根据国家质量技术管理部门或各行业部委制定的技术法规，目前 GPS 网设计所依据的规范（规程）如下。

① 2009 年国家质量监督检验检疫总局发布的国家标准《全球定位系统（GPS）测量规范》（GB/T 18314—2009），以下简称"国家规范"。

② 1997 年原建设部发布的行业标准《卫星定位城市测量技术规范》（CJJ 73—2010），以下简称《规程》。

③ 2009 年国家质量监督检验检疫总局发布的测绘行业标准（CH）《全球定位系统（GPS）测量规范》（GB/T 18314—2009），简称"行业规范"。

2）测量任务书。它是测量单位的上级主管部门下达的工作任务和技术要求的文件。测量合同书是测量单位与合同甲方共同签订的测量任务和技术要求。这些文件是指令性的，它规定了测量任务的范围、目的、精度和密度要求，提交成果资料的项目、时间以及完成任务的经济指标等。

在 GPS 方案设计时，一般首先依据测量任务书提出的 GPS 网精度、密度和经济指标，再结合规范规定并现场踏勘后，具体确定布网方案和观测方案。

（2）GPS 网的精度设计　此项内容主要取决于网的用途。如国家规范规定，AA、A 级 GPS 网主要用于全球性地球动力学、精密定轨、地壳形变及国家基本大地测量；B 级主要用于局部形变监测和各种精密工程测量；C 级主要用于大、中城市及工程测量的基本控制测量；D、E 级主要用于中小城市、城镇及测图、地籍、电信、房产、物探、勘测、建筑工程等的控制测量，精度分级见表 4-1。

表 4-1　精度分级

级　别	固定误差 a/mm	比例误差系数 b	级　别	固定误差 a/mm	比例误差系数 b
AA	≤3	≤0.01	C	≤10	≤5
A	≤5	≤0.1	D	≤10	≤10
B	≤8	≤1	E	≤10	≤20

各等级 GPS 相邻点间弦长的精度通常用下式表示：

$$\sigma = \sqrt{a^2 + (bd \times 10^{-6})^2} \tag{4-2}$$

式中　σ——GPS 基线向量的弦长中误差，即等效距离误差，mm；

　　　a——GPS 接收机标称精度中的固定误差，mm；

　　　b——GPS 接收机标称精度中的比例误差系数；

　　　d——GPS 网中相邻点间的距离，mm。

实际工作中，精度标准的确定要根据用户的实际需要以及人力、物力、财力情况合理设计，也可参照已有的生产规程和作业经验适当把握。在具体布设中，可以分级布设，也可以越级布设或布设同级全面网。

（3）GPS 点的密度设计　针对不同的任务要求和服务对象，GPS 点的密度要求也不同。一般城市和工程测量 GPS 点的布设密度，主要是满足测图加密和工程测量的需要，平均边长往往在几千米以内。因此，现行国家规范对 GPS 网中两相邻点之间的平均距离视其需要做出了如表 4-2 所示的规定。

表 4-2　GPS 网中两相邻点之间的平均距离　　　　　　　　　　　　单位：km

级别	AA	A	B	C	D	E
平均距离	1000	300	70	10～15	5～10	0.2～5

（4）GPS 网的基准设计　GPS 测量获得的是 GPS 基线向量，它是属于 WGS-84 坐标系的三维坐标向量，而实际工作中需要的是国家坐标系或地方独立坐标系的坐标。所以，在 GPS 网的技术设计时，就必须明确 GPS 成果转换时所采用的坐标系统和起算数据。通常将这项工作称为 GPS 网的基准设计。

GPS 网的基准设计包括位置基准、方位基准和尺度基准设计。GPS 网的位置基准一般均由给定的起算点坐标确定。方位基准一般由给定的起算方位角值确定，也可由 GPS 基线向量的方位作为方位基准。尺度基准一般由地面电磁波测距边确定，也可由两个以上起算点间的距离确定，还可由 GPS 基线向量的距离确定。因此，GPS 网的基准设计，实际上主要是指确定网的位置基准。在基准设计时，应充分考虑以下问题。

1）为了将 GPS 点的 WGS-84 坐标值转换为国家或地方坐标值，应选定若干国家或地方坐标点与 GPS 网联测。这时既要考虑充分利用旧资料，又要使新建的高精度 GPS 网不受旧资料精度较低的影响。大、中城市 GPS 网应与附近 3 个以上的国家控制点联测，小城市或工程控制可以联测 2～3 个点。

此外，若 GPS 网中有多普勒点，由于其精度较高，可将其联测作为一点或多点基准；若网中无任何其他已知起算点，也可将 GPS 网中一点的多次或长时间观测的伪距坐标作为网的位置基准。

2）为保证 GPS 网进行约束平差后坐标精度的均匀性和减少尺度比误差的影响，对 GPS 网内重合的高等级国家点或原城市等级控制网点，除了与未知点联结图形观测外，也应将其适当地构成长边图形。

3）GPS 网经平差计算后，可以得到 GPS 点在地面参照坐标系中的大地高，为了求得 GPS 点的正常高，可根据具体情况联测高程点，联测的高程点应均匀地分布于网中。

4）新建的 GPS 网的坐标系应尽量与测区过去采用的坐标系一致，如果采用地方独立或工程坐标系，一般还应了解以下参数。

① 所采用的参考椭球。

② 坐标系的中央子午线经度。

③ 纵、横坐标加常数。

④ 坐标系的投影面高程以及测区的平均高程异常值。

⑤ 起算点的坐标值。

（5）GPS 网的图形设计　同步观测不要求通视，与常规控制测量相比有较大的灵活性。GPS 网的图形设计主要取决于用户的要求、经费、时间、人力以及所投入的接收机的类型、数量和后勤保障条件。根据不同的用途，GPS 网的图形布设通常有点连式、边连式、网连式及边点混连式四种基本连接方式。也有布设成星形连接、附合导线连接、三角锁式连接等。选择何种组网，取决于工程所需要的精度、野外条件及接收机台数等因素。

1）星形网　其图形简单，直接观测边之间不构成任何图形，抗粗差能力极差。如图 4-4 所示，作业中只需两台接收机，是一种快速定位的作业图形，常用于快速静态定位与准动态定位。因此，星形网广泛地应用于精度较低的工程测量，如地质、地籍和地形测量。

2）点连式　相邻同步图形之间仅有一个公共点连接。如图

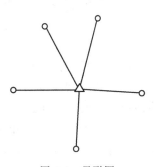

图 4-4　星形网

4-5 所示，这种方式所构成的图形几何强度很弱，没有或极少有非同步图形闭合条件，一般不能单独采用。图 4-5 中，有 15 个定位点，无多余观测（无异步检核条件），最少观测时段 7 个（同步环），最少观测基线为 $n-1=14$ 条（n 为点数）。

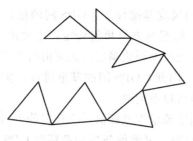

图 4-5　点连式图形

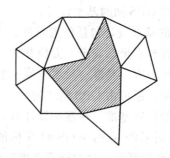

图 4-6　边点混连式图形

3）边连式　同步图形之间有一条公共基线连接。这种网的几何强度较高，有较多的复测边和异步图形闭合条件　相同的仪器台数，观测时段数将比点连式增加很多。

4）网连式　相邻同步图形之间有两个以上公共点相连接，这种方法需要 4 台以上接收机。显然这种密集的布点方法，其图形的几何强度和可靠性指标非常高，但花费的时间和经费也较多，一般只适用于较高精度的控制网。

5）边点混连式　把点连式和边连式有机地结合起来组网，以保证网的几何强度和可靠性指标。其优点是既保证了强度和可靠性，又减少了作业量，降低了成本，是一种较为理想的布网方法。图 4-6 所示的边点混连式图形，几何强度得到了改善。

6）三角锁（或多边形）连接　用点连式或边连式组成连续发展的三角锁同步图形，此连接形式适用于狭长地区的 GPS 布网，如铁路、公路、渠道及管线工程控制，如图 4-7 所示。

7）导线网（环）式连接　将同步图形布设为直伸状，形如导线结构式的 GPS 网，各独立边应构成封闭形状，形成非同步图形以增加可靠性，适用于精度较高的 GPS 布网。该法也可与点连式结合起来布设，如图 4-8 所示。

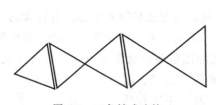

图 4-7　三角锁式连接

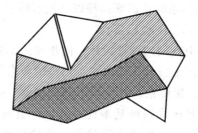

图 4-8　导线网式连接

（6）GPS 网图形设计的一般原则

① GPS 网点之间尽管不要求通视，但考虑到利用常规测量手段加密时的需要，每点至少应有一个通视方向。

② 为了顾及原有城市测绘成果资料以及各种大比例尺地形图的沿用，应尽量采用原有城市坐标系统。对符合要求的旧点，应充分利用其标石。

③ 在 GPS 网中不应存在自由基线。因其不构成闭合图形，无发现粗差能力，必须避免

出现自由基线。

4.2.2 GPS 测量的外业准备及技术设计书编写

在进行 GPS 外业观测之前，必须做好测区踏勘、资料收集、器材筹备、观测计划拟订、GPS 接收机检校和设计书的编写等工作。

（1）测区踏勘　接受下达任务或签订 GPS 测量合同（前）后，即可依据施工设计图踏勘、调查测区。主要调查下列情况，为编写技术设计、施工设计、成本预算提供依据。

① 交通情况：公路、铁路、乡村道路的分布以及可通行情况。

② 水系分布：江河、湖泊、池塘、水渠的分布，桥梁、码头以及水路交通情况。

③ 植被情况：森林、草原、农作物的分布及面积。

④ 现有控制点：三角点、水准点、GPS 点、多普勒点，导线点的等级、坐标，高程系统，点位数量及分布，点位标志的保存现状。

⑤ 居民点的分布情况：测区内城镇、村庄的分布，食宿及供电情况。

⑥ 当地的风俗民情：民族的分布、习俗及地方语言，习惯及社会治安情况。

（2）资料收集　踏勘测区的同时，应收集以下资料。

① 各类图件：$1:1 \times 10^4 \sim 1:1 \times 10^5$ 比例尺地形图、大地水准面起伏图、交通图。

② 各类控制点成果：三角点、水准点、GPS 点、多普勒点、导线点以及各点的坐标系统、技术总结等有关资料。

③ 与测区有关的地质、气象、交通、通信等方面的资料。

④ 城市及乡村的行政区划表。

（3）设备、器材筹备及人员组织　设备、器材筹备及人员组织包括以下内容：接收机、计算机及配套设备（电池、充电器等）；机动设备（汽车、油料等）及通信设备（手机、对讲机等）；施工器材及耗材；组建队伍，拟订参加人员及岗位；进行详细的投资预算。

（4）拟订外业观测计划　外业观测计划的拟订，对于顺利完成外业数据采集任务、保证测量精度、提高工作效率都是极为重要的。

① 拟订计划的依据，包括：GPS 网规模的大小；点位精度及密度要求；GPS 卫星星座分布的几何图形强度；接收机的类型与数量；测区交通、通信及后勤保障等。

② 观测计划的主要内容，包括：编制 GPS 卫星的可见预报图；选择卫星分布的几何图形强度，PDOP 值不应大于 6；选择最佳观测时段；观测分区的设计与划分；编排作业调度表，仪器、时段、测站较多时，以外业观测通知单进行调度。

③ 拟订地面网的联测方案：GPS 网与地面网的联测，可根据地形和地面控制点的分布情况而定。一般 GPS 网中至少应观测 3 个以上已知的地面控制点（高程点一般应为水准高程）作为约束点。

（5）技术设计书编写　资料收集齐全后，编写技术设计书，主要包括以下内容。

① 任务来源及工作量　包括：GPS 项目的来源，下达任务的项目、用途及意义；GPS 测量（包括新定点、约束点、水准点、检查点）点数；GPS 点的精度指标及高程系统。

② 测区概况　测区隶属的行政管辖；测区范围的地理坐标、控制面积；测区的交通状况和人文地理；测区的地形及气候状况；测区控制点的分布及对控制点的分析、利用和评价。

③ 布网方案　GPS 网点的图形及连接方式；GPS 网结构特征的测算；点位图的绘制。

④ 选点与埋标　GPS 网点位的基本要求；点位标志的选用及埋设方法；点位的编号等

问题。

⑤ 观测 对观测工作的基本要求；观测计划的制定；对数据采集提出应注意的问题。

⑥ 数据处理 其基本方法及使用的软件；起算点坐标的确定方法；闭合差检验及点位精度的评定指标。

⑦ 完成任务的措施 要求措施具体、方法可靠，能在实际工作中贯彻执行。

4.2.3 GPS 测量外业实施

（1）选点与埋标 由于 GPS 测量观测站之间不一定要求相互通视，而且网形结构比较灵活，所以选点工作比常规控制的选点简便。但点位的选择对保证观测的顺利进行和测量结果的可靠性具有重要意义。选点工作应遵循下列原则。

① 严格执行技术设计书中对选点以及图形结构的要求和规定，在实地按要求选点。

② 点位应选在易于安置接收仪器、视野开阔的较高点上；地面基础稳定，易于点的保存。

③ 点位目标应显著，其视场周围 15°以上不应有障碍物，以减小对卫星信号的影响。

④ 点位应远离（不小于 200m）大功率无线电发射台；远离（50m 以上）高压输电线和微波信号传输通道，以免电磁场对信号干扰。

⑤ 点位周围不应有大面积水域，不应有强烈干扰信号接收的物体，以减弱多路径效应的影响。

⑥ 点位应选在交通方便，有利于其他观测手段扩展与联测的地方。

⑦ 当利用旧点时，应对其稳定性、完好性以及觇标是否安全、可用进行检查，符合要求方可利用。

⑧ 当所选点位需要进行水准联测时，选点人员应实地踏勘水准路线，提出有关建议。

GPS 点一般应埋设具有中心标志的标石，以精确标志点位。点的标石和标志必须稳定、坚固以便长期保存和利用。在基岩露头地区，也可直接在基岩上嵌入金属标志，详见国家规范。点名一般取村名、山名、地名、单位名，应向当地政府部门或群众调查后确定。利用原有旧点时，点名不宜更改。点号的编排（码）应适应计算机计算。

每个点位标石埋设结束后，应按规定填写"点之记"并提交以下资料：点之记，GPS网的选点网图，土地占用批文与测量标志委托保管书，选点与埋石工作技术总结。

（2）外业观测 各级 GPS 测量的技术指标应符合表 4-3 的规定。

1）天线安置 在正常点位，天线应架设在三脚架上，并应严格对中整平；在特殊点位，当天线需安在三角点觇标的观测台或回光台上时，可将标石中心反投影到观测台或回光台上，作为天线安置依据。观测前还应先将觇标顶部拆除，以防信号被遮挡。若觇标无法拆除，可进行偏心观测，偏心点选在离三角点 100m 以内的地方，以解析法精密测定归心元素。

天线的定向标志应指向正北，兼顾当地磁偏角，以减弱天线相位中心偏差的影响。天线定向误差依精度不同而异，一般不应超过 3°～5°。

天线架设不宜过低，应距地面 1m 以上。正确量取天线高度，成 120°量 3 次取平均值，记录至毫米。在高精度 GPS 测量中，要求测定气象参数，始、中、末各测一次，气压读至0.1mbar（1mbar＝10^2Pa），气温读至 0.1℃。一般城市及工程测量只记录天气状况。风天注意天线的稳定，雷雨天防止雷击。

表 4-3　各级 GPS 测量基本技术指标

项目		AA	A	B	C	D	E
卫星截止高度角/(°)		10	10	15	15	15	15
同时观测有效卫星数		≥4	≥4	≥4	≥4	≥4	≥4
有效观测卫星数		≥20	≥20	≥9	≥6	≥4	≥4
观测时段数		≥10	≥6	≥4	≥2	≥1.6	≥1.6
观测时段长度/min　静态		≥720	≥540	≥240	≥60	≥45	≥40
观测时段长度/min　快速静态	双频+P(Y)码	—	—	—	≥10	≥5	≥2
	双频全波	—	—	—	≥15	≥10	≥10
	单频或双半波	—	—	—	≥30	≥20	≥15
采样间隔/s	静态	30	30	30	10~30	10~30	10~30
	快速静态	—	—	—	5~15	5~15	5~15
时段中任一卫星有效观测时间/min	静态	≥15	≥15	≥15	≥15	≥15	≥15
时段中任一卫星有效观测时间/min　快速静态	双频+P(Y)码	—	—	—	≥1	≥1	≥1
	双频全波	—	—	—	≥3	≥3	≥3
	单频或双半波	—	—	—	≥5	≥5	≥5

2) 开机观测　目前的 GPS 接收机和天线多为一体，而且也无输入键盘和显示屏，只有极少的几个操作键，故有"傻瓜机"之称。测站观测员应注意确认天线安置正确，分体机电缆连接无误后，方可通电开机；按照说明书正确输入测站信息；注意查看接收机的观测状态；不得远离接收机；一个观测时段中，不得关机或重新启动，不得改变卫星高度角、采样间隔及删除文件。不能靠近接收机使用手机对讲机；雷雨天防雷击；严格按照统一指令，同时开、关机，确保观测同步。

3) 观测记录　外业观测中，所有信息都要妥善记录。其形式有以下两种。

① 观测量记录　由接收机自动进行，包括载波相位观测值、伪距观测值及其观测历元；星历及钟差参数；实时绝对定位结果和测站的信息及接收机工作状态。

② 观测手簿　由观测者在观测开始或过程中实时填写，如点号、天线高度等。应认真、及时、准确记录，不得事后补记或追记。对接收机的存储介质（卡），应及时填写粘贴标签，并防水、防静电，妥善保管。

（3）外业成果检核与外业返工　外业观测成果的检核是外业工作的最后一个环节。

1) 外业数据检核　首先，对野外观测资料进行复查，内容包括：是否符合调度命令和规范要求；进行的观测数据质量分析是否符合实际。然后进行下列项目检核。

① 每一个时段同步观测数据的检核：数据剔除率应小于 10%；平均值的中误差应小于0.1m，相对中误差应符合规范规定。

② 重复观测边检核：同一条基线边若观测了多个时段，可得到多个结果。任意两个时段的观测结果互差，均应小于接收机标称精度的 $2\sqrt{2}$ 倍。

③ 同步环闭合差检核：当独立观测的各同步边构成闭合环形（三角形、多边形）时，各边的坐标差之和应为零。但是由于多种误差存在，环中各独立观测边的坐标差分量闭合差不为零，设其为

$$\omega_x = \sum_{i=1}^{n} \Delta x_i \quad \omega_y = \sum_{i=1}^{n} \Delta y_i \quad \omega_z = \sum_{i=1}^{n} \Delta z_i \qquad (4\text{-}3)$$

式中　n——闭合环中的同步边数。

此时环闭合差的定义为

$$\omega = (\omega_x^2 + \omega_y^2 + \omega_z^2)^{\frac{1}{2}} \tag{4-4}$$

环闭合差的大小是评价观测成果质量的重要指标。国家规范规定，n 边同步环各分量闭合差均不应大于 $\frac{\sqrt{n}}{5}\sigma$，环闭合差不应大于 $\frac{\sqrt{3n}}{5}\sigma$。

④ 异步观测环检核：应在整个 GPS 网中选取一组完全独立的基线构成异步环，各独立异步环的坐标分量闭合差和全场闭合差应符合下式要求：

$$\omega_x \leqslant 2\sqrt{n}\sigma \quad \omega_y \leqslant 2\sqrt{n}\sigma \quad \omega_z \leqslant 2\sqrt{n}\sigma \quad \omega \leqslant 2\sqrt{3n}\sigma \tag{4-5}$$

2）野外返工　经检核超限的基线，在进行充分分析的基础上，应按照规定进行野外返工观测。

（4）技术总结与上交资料

1）技术总结　外业技术总结包括以下内容。

① 测区位置，地理与气候条件，交通通信及供电情况。

② 任务来源，项目名称，本次施测的目的及精度要求，测区已有的测量成果情况。

③ 施测单位，起止时间，技术依据，人员和仪器的数量及技术情况。

④ 观测成果质量的评价，埋石与重合点情况。

⑤ 联测方法，完成各级点数量、补测与重测情况以及作业中存在问题的说明。

⑥ 外业观测数据质量分析与野外数据检核情况。

内业技术总结包括以下内容。

① 数据处理方案，所采用的软件、星历、起算数据、坐标系统以及无约束、约束平差情况。

② 误差检验及相关参数、平差结果的精度估计等。

③ 上交成果中尚存在的问题和需要说明的其他问题、建议或改进意见。

④ 综合附表与附图。

2）上交资料　GPS 测量任务完成以后，应上交下列资料。

① 测量任务书及技术设计书。

② 点之记、环视图、测量标志委托保管书。

③ 卫星可见性预报表和观测计划。

④ 外业观测记录（原始记录卡）、测量手簿及其他记录（偏心观测等）。

⑤ 接收设备、气象及其他仪器的检验资料。

⑥ 外业观测数据质量分析及野外检核计算资料。

⑦ 数据处理中生成的文件、资料和成果表。

⑧ GPS 网展点图。

⑨ 技术总结和成果验收报告。

4.3　GPS RTK 技术

4.3.1　GPS 差分 RTK(real time kinematic) 技术

RTK 测量技术因其高精度、实时性和高效性在建筑工程测量测图和放线中得到广泛应用。RTK 测量技术是以载波相位观测量为基础的实时差分 GPS 测量技术，使 GPS 测量技术与数据传输技术相结合，是 GPS 技术的突破。其基本思想是：在基准站安置一台 GPS 接收机，对所有可见 GPS 卫星进行连续观测，并将其数据实时地发送给用户观测站。用户观测站上 GPS 接收机在接收 GPS 卫星信号的同时，接收基准站传输的观测数据，然后根据相对定位原理实时计算用户站三维坐标及其精度。

RTK 技术一般由以下三部分组成：GPS 接收设备（包括基准站接收机和流动站接收机）、数据链和软件系统。基准站包括接收机、GPS 天线、无线通信发射系统、供 GPS 接收机和无线电台使用的电源及基准站控制器等。流动站包括接收机、GPS 天线、无线通信接收系统、供 GPS 接收机和无线电台使用的电源及基准站控制器等。数据链由基准站的发射电台和流动站的接收电台组成，是实现实时动态测量的关键设备。软件系统是能够实时解算流动站坐标的重要技术支持。

4.3.2　GPS 网络 RTK 技术

（1）概述　GPS 实时差分定位 RTK 技术是目前广泛使用的测量技术之一，但它的应用受到电离层延迟和对流层延迟的影响，使原始数据产生了系统误差并导致以下缺点。

① 用户需要架设本地参考站。

② 误差随距离的增加而增长。

③ 误差增长使流动站和参考站的距离受到限制，一般小于 15km。

④ 精度为 $1cm+1\times10^{-6}D$，可靠性随距离增大而降低。

GPS 网络 RTK 技术的出现，弥补了 GPS 实时差分定位 RTK 技术的缺点，它代表了未来 GPS 发展的方向，由此可带来巨大的社会效益和经济效益。目前应用于 GPS 网络 RTK 数据处理的方法有虚拟参考站法（virtual reference station，简称 VRS）、偏导数法、线性内插法和条件平差法，其中虚拟参考站法 VRS 技术最为成熟。

虚拟参考站法 VRS 的实施使一个地区的测绘工作成为一个有机的整体，改变了以往 GPS 作业单打独斗的局面，同时它使 GPS 技术的应用更为广泛，精度和可靠性得到进一步的提高，使许多从前难以完成的任务成为可能，最重要的是建立 GPS 网络的成本反而降低了很多。由于 VRS 技术的多种先进性，使其一经问世就受到世界各国的广泛关注，并得到积极的实施，德国、瑞士等一些国家的 VRS 网络已经建成或正在建立。我国的深圳市和成都市分别建成了 TrimbleVRS 虚拟参考站系统，为城市的经济发展、城市信息化和数字化发挥了重要的作用。

2005 年 11 月 2 日 Trimble 宣布：该公司已经提供了全球定位系统（GPS）参考站和 Trimble 虚拟参考站（VRS）软件，以便在中国增设 5 个新的基础设施网络。位于上海、武汉、东莞、天津和北京的这些多功能网络将在这些地区提供地理空间基础设施。网络将能够为不同的应用提供快速而精确的 GPS 定位，应用包括测量、城市规划、城市及乡村建设、环境监测、资源及区域管理、防灾救灾、精准农业、科研以及交通管理等。

上海 VRS 网络由上海市测绘院负责运营，作为数字上海信息系统基础结构系统之用。该网络合成了该城市的智能运输系统、网络和通信系统，能够提供精确度高且迅速的定位服务以及 GPS 移动定位服务。网络目前包括 4 套 TrimbleNetRSGPS 参考站，这些参考站运行 TrimbleGPSNetTM 和 RTKNetTM 软件。此外，还采购了 12 套 TrimbleR8GPS 接收机用于该系统。上海网络运营商计划将来把系统扩展到 10 套参考站。

武汉系统由武汉市勘测设计研究院运营，由 6 套运行 TrimbleGPSNet 和 RTKNet 软件的 TrimbleNetRSGPS 参考站组成。该网络是中国第一套用虚拟专用网（VPN）传输 GPRS

无线通信数据的网络。

东莞网络包括 5 套使用 TrimbleGPSNet 和 RTKNet 软件的 Trimble5700 连续运行参考站。它由东莞市国土资源局运营。

天津系统由天津市测绘院负责运营。网络由 1 套 Trimble5700CORSGPS 和 10 套 TrimbleNetRSGPS 参考站组成，使用 TrimbleGPSNet 和 RTKNet 软件。

北京 VRS 网络由北京信息资源管理中心运营，包括 9 套 Trimble5700CORSGPS 参考站，使用 TrimbleGPSNet 和 RTKNet 软件。网络在 2008 年奥运会的场馆建设和交通运输中起到了重要作用。

（2）VRS 的系统构成及工作原理　VRS 系统集 GPS、Internet、无线通信和计算机网络管理技术于一身。整个系统由若干个（3 个以上）连续运行的 GPS 基准站和一个 GPS 网络控制中心构成。

1）VRS 的系统构成　VRS 系统由 GPS 固定基准站系统、数据传输系统、GPS 网络控制中心系统、数据发播系统和用户系统五部分组成。

2）VRS 的工作原理　一个 VRS 网络由 3 个以上的固定基准站组成，站与站之间的距离可达 70km，固定基准站负责实时采集 GPS 卫星观测数据并传送给 GPS 网络控制中心，由于这些固定基准站有长时间的观测数据，故点位坐标精度很高（传统高精度 GPS 网络，站间距离不超过 10～20km）。固定基准站与控制中心之间可通过光缆、ISDN 或普通电话线相连，将数据实时地传送到控制中心。

VRS 网络数据流程如图 4-9 所示。VRS 参考站网络的硬件构成如图 4-10 所示。

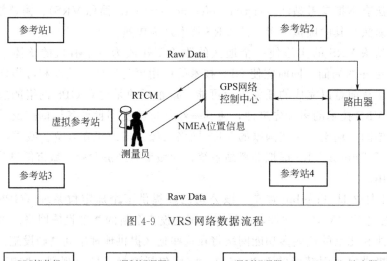

图 4-9　VRS 网络数据流程

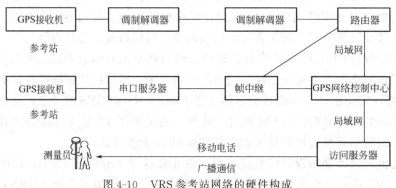

图 4-10　VRS 参考站网络的硬件构成

控制中心是整个系统的核心。它既是通信控制中心，也是数据处理中心。它通过通信线（光缆、ISDN、电话线）与所有的固定参考站通信，接收固定参考站发来的所有数据，也接收从流动站发来的概略坐标，然后根据用户位置，自动选择最佳的一组固定站数据，整体改正 GPS 轨道误差以及电离层、对流层和大气折射引起的误差，将经过改正后的高精度的 RTCM 差分信号通过无线网络（GSM、CDMA、GPRS 等）发送给用户，与移动用户通信。这个差分信号的效果相当于在移动站旁边生成一个虚拟的参考基站，从而解决了 RTK 作业距离上的限制问题，并保证了用户的精度。

用户部分就是用户的 GPS 接收机，加上无线通信的调制解调器。用户可根据自己的不同需求，将其放置在不同的载体上。接收机通过无线网络将自己初始位置发给控制中心，并接收中心的差分信号，生成厘米级的位置信息。所以，控制中心的软件 GPS-NET 既是数据处理软件，也是系统管理软件。由计算机实时系统控制整个系统的正常运行，执行下列任务。

① 导入并检查原始数据的质量。

② 存储并压缩 RINEX 数据。

③ 改正天线的相位中心。

④ 区域系统误差模型化及估算。

⑤ 为流动站接收机创建虚拟参考站位置。

⑥ 产生流动站所在位置上的 RTK 改正数据流。

⑦ RTK 数据以 RTCM 或 TrimbleCMR 格式传播。

GPS 流动站先向控制中心发送标准的 NMEA 位置信息，告之其概略位置，控制中心收到信息后重新计算所有 GPS 数据，内插到与流动站相匹配的位置，再向流动站发送改正过的 RTCM 信息，流动站可位于 VRS 网络中的任何位置，这样 RTK 的系统误差即被消减。

VRS 系统实际上是一种多基站技术，它在处理上利用了多个参考站的联合数据。

（3）VRS 系统的优势　与传统的 RTK 相比，VRS 系统的优势有以下几点。

① VRS 系统的覆盖范围大　VRS 网络可以有多个站，但最少需要 3 个。若按边长 70km 计算，一个三角形可覆盖的面积为 2200km^2。

实际上，VRS 系统可提供两种不同精度的差分信号，分别为厘米级和亚米级。这里所论述的是 1～2cm 的高精度，若用低精度，则站与站之间的距离可以拓展到几百公里。

② 相对传统 RTK 提高了精度　传统的 RTK 随着测量距离的增加，误差会随之增大，而在 VRS 系统的网络控制范围内，精度可以始终保持在 1～2cm。

③ 可靠性也随之提高　采用多个参考站的联合数据，大大提高了可靠性。

④ 更广的应用范围　可适用于城市规划、市政建设、交通管理、机械控制，气象、环保、农业以及所有在室外进行的勘测工作。

VRS 技术的出现，标志着高精度 GPS 的发展进入了一个新的阶段。这种网络 RTK 技术，集最新兴的计算机网络管理技术、Internet 技术、无线通信技术和 Trimble 优秀的 GPS 定位技术于一身，应用了最先进的多基站 RTK 算法，是 GPS 技术的突破。它将使 GPS 的应用领域极大地扩展，代表着 CPS 发展的方向。

（4）杭州湾大桥 GPS 控制、施工测量　杭州湾跨海大桥，以其惊人的 36km 长成为目前世界第一长的跨海大桥。整座大桥平面为 S 形曲线，总体上线形优美。侧面南北航道的通航孔桥处各呈一拱形，具有跌宕起伏的立面形状。杭州湾跨海大桥按双向六车道高速公路设计，其设计使用年限为100年，总投资约118亿元。大桥的工程量为中国特大型桥梁之最：据初步核定，大桥共耗钢材 7.69×10^5 t，水泥 1.291×10^6 t，石油沥青 1.16×10^4 t，木材 1.91×10^4 m³，混凝土 2.4×10^6 m³，各类桩基7000余根。

要实现杭州湾跨海大桥运营100年的设计目标，其建设必须高标准，测量必须高精度，以确保结构尺度的准确无误。大桥建造地区的水文地质条件极为复杂，海上作业，风浪大、水流急、冲刷严重，这些无疑都增大了施工测量的难度。而大部分的施工区都远离海岸，常规测量仪器的有效测程只有2~3km。面对36km长的大桥，其工程测量问题成为基础施工阶段一个亟待攻破的技术难题。

杭州湾大桥的工程测量主要包括四个方面：布施桥梁施工控制网；根据控制网，建立连续运行的参考站系统；放样测量；竣工测量。大桥建成后的运营阶段，仍需要高精度的测量手段对其各种变形进行监控。可见，工程测量贯穿桥梁建设的始终，任重道远。

杭州湾跨海大桥测控中心结合大桥的设计要求，经研究后决定采用GPS全球卫星定位技术来解决大桥的工程测量问题。

桥梁测量对精度的要求很高，越复杂的桥对测量精度的要求越高。大型复杂工程杭州湾跨海大桥对GPS仪器有特殊的要求：第一，精密控制测量要求建立精密测量控制网，然后建立满足这座桥所在的测区的一个坐标体系；第二，建立连续运行的GPS参考站系统，24h连续发送支撑GPS-RTK测量的信息。参考站提供的信息可供全桥所有施工单位使用，保证了数据的统一性。另外，大桥的12个标段随时都在施工，参考站必须全天候运行，不能中断，因此，连续运行显得尤为重要。大桥工程指挥部在两岸各设有一个GPS-RTK连续运行参考站，为海中桥梁基础施工放样提供满足精度要求的实时定位服务。

杭州湾跨海大桥的建设周期内，GPS参考站系统必须不间断地运行，这对组成参考站系统的GPS仪器提出了严格的要求。杭州湾跨海大桥工程共采用了65台Trimble 5700 GPS接收机进行工程测量。GPS在大桥基础建设中的不可替代作用体现在打桩定位的过程中。打桩定位对大桥的建设起着至关重要的作用，它的准确与否直接影响到大桥的建造。

小结：本单元介绍了GPS定位的原理、特点及系统构成，重点介绍了GPS静态定位的工作流程与工作内容，介绍了动态RTK技术的发展和应用。

思考与练习

1. 简述GPS定位原理。
2. GPS定位有哪些特点？有哪些应用优势？
3. 简述GPS静态定位的作业流程。
4. GPS静态定位的网形设计与野外施测过程有何联系？
5. GPS静态定位野外数据检核包括哪些内容？
6. GPS静态定位有哪些注意事项？
7. GPS动态RTK技术有哪些特点？
8. GPS动态RTK技术所需的硬件配置有哪些？

大比例尺地形图测绘

- 了解大比例尺地形图测绘的目的和工作流程
- 理解大比例尺地形图测绘的方法
- 掌握地形图的基础知识和大比例尺地形图测绘的内容及步骤

能力目标

- 能完成大比例尺地形图测绘的野外数据采集
- 能完成大比例尺地形图的绘制
- 能进行大比例尺地形图测绘的检查与资料提交

引　子

工程总平面图的布置需要地形图，计算工程量需要地形图，竣工测量也要测绘竣工图。如何测绘地形图是本单元要解决的问题。

5.1 地形图的基本知识

地形图是表达地物、地貌的正射投影图。地物是人工建造的或天然形成的具有明显外围轮廓的地面定着物；地貌则是地面高低起伏变化的各种形态。地形图按比例尺分为三类：1∶500、1∶1000、1∶2000、1∶5000 比例尺地形图称为大比例尺地形图；1∶1×10⁴、1∶2.5×10⁴、1∶5×10⁴、1∶10×10⁴ 比例尺地形图称为中比例尺地形图；1∶25×10⁴、1∶50×10⁴、1∶100×10⁴ 比例尺地形图称为小比例尺地形图。

在城市和工程建设的总体规划、初步规划设计阶段一般使用 1∶2000、1∶5000 和 1∶10000 的地形图，在详细规划设计和施工设计阶段使用 1∶500、1∶1000 和 1∶2000 的地形图。因此本单元重点介绍大比例尺地形图的测绘。

5.1.1 地形图的比例尺

（1）比例尺的表示方法　图上任一线段的长度与其地面上相应线段的水平距离之比，称为地形图的比例尺。比例尺的表示形式有数字比例尺和图式比例尺两种。

1）数字比例尺　以分子为 1、分母为整数的分数形式表示的比例尺称为数字比例尺。

设图上一直线段长度为 d，其相应的实地水平距离为 D，则该图的比例尺为

$$\frac{d}{D} = \frac{1}{M} \qquad (5\text{-}1)$$

式中 M——比例尺分母。

M 越小，比例尺越大，地形图表示的内容越详尽。

2）图示比例尺   常用的图示比例尺是直线比例尺。在绘制地形图时，通常在地形图上同时绘制图示比例尺，图示比例尺一般绘于图纸的下方，具有随图纸同样伸缩的特点，从而减小图纸伸缩变形的影响。图 5-1 所示为 1∶2000 的直线比例尺，其基本单位为 2cm。使用时从直线比例尺上直接读取基本单位的 1/10，估读到 1/100。

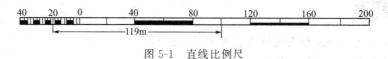

图 5-1   直线比例尺

（2）比例尺精度   人眼的分辨率为 0.1mm，在地形图上分辨的最小距离也是 0.1mm。因此把相当于图上 0.1mm 的实地水平距离称为比例尺精度。比例尺大小不同，其比例尺的精度也不同，见表 5-1。

表 5-1   比例尺精度

比例尺	1∶500	1∶1000	1∶2000	1∶5000	1∶10000
比例尺精度	0.05	0.1	0.2	0.5	1.0

比例尺精度的概念对测图和设计用图都具有非常重要的意义。例如在测 1∶2000 图时，实地只需取到 0.2m，因为量得再精细在图上也表示不出。又如在设计用图时，要求在图上能反映地面上 0.05m 的精度，则所选的比例尺不能小于 1∶500。

5.1.2   地形图的图外注记

对于一幅标准的大比例尺地形图，图廓外应注有图名、图号、接图表、比例尺、图廓、坐标格网和其他图廓外注记等，如图 5-2 所示。

（1）图名、图号、接图表   图名可以采用文字、数字图名并用，这样便于地形图的测绘、管理和使用。文字图名通常用图幅内具有代表性的地名、村庄或企事业单位名称命名。数字图名可以由当地测绘部门根据具体情况编制。对于大比例尺地形图，图号一般采用西南角坐标。图名和图号均标注在北图廓上方的中央。接图表在图幅外图廓线左上角，表示本图幅与相邻图幅的邻接关系，各邻接图幅注上图名或图号。

（2）图廓和坐标格网   地形图都有内、外图廓。内图廓较细，是图幅的范围线；外图廓较粗，是图幅的装饰线。图幅的内图廓线是坐标格网线，在图幅内绘有坐标格网交点短线，图廓的四角注记有坐标。

（3）其他注记   大比例尺地形图应在外图廓线下面中间位置注记数字比例尺，标明测图所采用的坐标系和高程系，标明成图方式和绘图时执行的地形图图式，注明测量员、绘图员、检查员等。

5.1.3   地物、地貌的表示方法

在地形图上，地物统一按《国家基本比例尺地图图式》（GB/T 20257.1～4）中的符号绘制，表 5-2 为其中的部分地物符号。

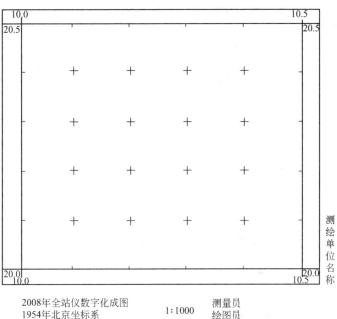

图 5-2　地形图的图外标记

（1）地物的表示方法

1）比例符号　有些地物的轮廓较大，其形状和大小均可依比例尺缩绘在图上，同时配以规定的符号表示，这种符号称为比例符号。如房屋、河流、湖泊、森林等。

2）半比例符号　对于一些带状或线状延伸地物，按比例尺缩小后，其长度可依测图比例尺表示，而宽度不能依比例尺表示的符号称为半比例尺符号。符号的中心线一般表示其实地地物的中心线位置。如铁路、通信线、管道等。

3）非比例符号　地面上轮廓较小的地物，按比例尺缩小后，无法描绘在图上，应采用规定的符号表示，这种符号称为非比例符号。如水准点、路灯、独立树等。非比例符号的中心位置与实际地物的位置关系如下。

① 规则几何图形符号，如导线点、水准点等，符号中心就是实物中心。

② 宽底符号，如水塔、烟囱等，符号底线中心为地物中心。

③ 底部为直角的符号，如独立树，符号底部的直角顶点反映实物的中心位置。

比例符号、半比例符号与非比例符号不是一成不变的，主要依据测图比例尺与实物轮廓而定。

4）注记符号　用文字、数字或特有符号对地物加以说明，称为注记符号。如村、镇、工厂、河流、道路的名称，楼房的层数、高程，江河的流向，森林、果树的类别等。

（2）地貌的表示方法　地貌在地形图上一般用等高线表示。用等高线表示地貌既能表示地面高低起伏的形态，又能表示地面的坡度和地面点的高程。

表 5-2　大比例尺地形图图式符号

编号	符号名称	1∶500　1∶1000　1∶2000	编号	符号名称	1∶500　1∶1000　1∶2000
1	三角点 凤凰山——点名 292.213——高程	△ 凤凰山 292.213	25	常年湖	石崖湖
2	导线点 Ⅰ16——等级、点号 96.32——高程	□ L16 96.32	26	池塘	塘　　塘
3	图根点 a——埋石 b——不埋石	a ◇ 16 36.32 b ◎ 17 39.91	27	常年河 a——水涯线 b——高水线 c——流向 d——潮流向	
4	水准点 Ⅱ京石5——等级、点名 32.802——高程	⊗ Ⅱ京石5 32.802			
5	一般房屋 混凝土——房屋结构 6——房屋层数	混凝土6			
6	简单房屋		28	旱地	
7	棚房				
8	台阶		29	水田	
9	围墙 a——依比例尺 b——不依比例尺	a b			
10	栅栏、栏杆		30	花圃	
11	篱笆				
12	水塔		31	菜地	
13	烟囱				
14	路灯				
15	等级公路 2——技术等级代码 G301——国道名称	2(G301)	32	果林	枣
16	乡村路 a——依比例尺 b——不依比例尺	a b			
17	高压线		33	草地	
18	低压线				
19	下水检修井	⊕			
20	上水检修井	⊖	34	等高线 a——首曲线 b——计曲线 c——间曲线	a b c
21	煤气、天然气检修井	⊖			
22	消防栓				
23	污水箅子				
24	沟渠 a——有堤岸 b——一般的 c——有沟堑	a b c	35	陡坎、斜坡 a——加固陡坎 b——未加固陡坎 c——斜坡	a　b　c

1）等高线 等高线为地面上高程相等的相邻点连接而成的闭合曲线。图 5-3 所示的山头，设想当水面高程为 90m 时与山头相交得一条交线，线上的高程均为 90m。若水面向上涨 5m，又与山头相交得一条高程为 95m 的交线。若水面继续上涨至 100m，又得一条高程为 100m 的交线。将这些交线垂直投影到水平面得三条闭合曲线，注上高程，就可在图上显示出山头的形状。

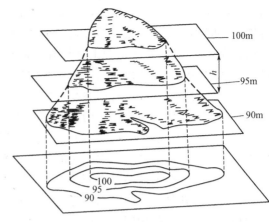

图 5-3 用等高线表示地貌的方法

两条相邻等高线的高差称为等高距。常用的有 1m、2m、5m、10m 等几种，根据地形图的比例尺和地面起伏的情况确定。在一张地形图上，一般只用一种等高距，如图 5-3 的等高距 $h=5m$。

在图上相邻两等高线之间水平距离称为等高线平距，简称平距。

地形图上按规定的等高距勾绘的等高线，称为首曲线或基本等高线。为便于看图，每隔四条首曲线描绘一条加粗的等高线，称为计曲线。例如等高距为 1m 的等高线，则高程为 5m、10m、15m、20m…5m 倍数的等高线为计曲线；又如等高距为 2m 的等高线，则高程为 10m、20m、30m…10m 倍数的等高线为计曲线。一般只在计曲线上注记高程。在地势平坦地区，为更清楚地反映地面起伏，可在相邻两首曲线间加绘等高距一半的等高线，称为间曲线。

2）几种典型地貌等高线的特征 图 5-4（a）和图 5-4（b）所示为山丘和盆地的等高线，

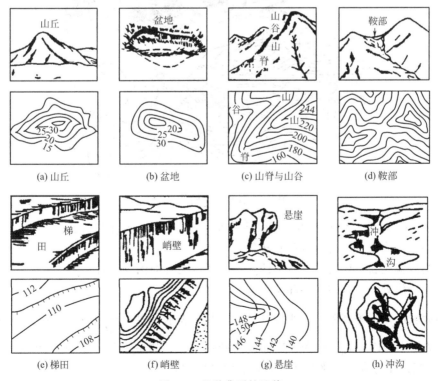

图 5-4 几种典型的地貌

由若干圈闭合的曲线组成，根据注记高程才能区别两者。自外圈向里圈逐步升高的是山丘，自外圈向里圈逐步降低的是盆地。垂直于等高线顺山坡向下画出的短线，称为示坡线，指出降低的方向。图 5-4(c) 所示为山脊与山谷的等高线，均与抛物线形状相似。山脊的等高线是凸向低处的曲线，各凸出处拐点的连线称为山脊或分水线。山谷的等高线是凸向高处的曲线，各凸出处拐点的连线称为山谷线或集水线。山脊或山谷两侧山坡的等高线近似于一组平行线。鞍部是介于两个山头之间的低地，呈马鞍形的地形，其等高线的形状近似于两组双曲线簇，如图 5-4(d) 所示。梯田及峭壁的等高线及其表示方法如图 5-4(e)、图 5-4(f) 所示。在特殊情况下悬崖的等高线出现相交的情况，覆盖部分为虚线，如图 5-4(g) 所示。在坡地上，由于雨水冲刷而形成的狭窄而深陷的沟称为冲沟，如图 5-4(h) 所示。

上述每一种典型的地貌形态，可以近似地看成由不同方向和不同斜面所组成的曲面，相邻斜面相交的棱线在特别明显的地方，如山脊线、山谷线、山脚线等，称为地貌特征线或地性线。这些地性线构成了地貌的骨骼，地性线的端点或其坡度变化处，如山顶点、盆底点、鞍部最低点、坡度变换点，称为地貌特征点，它们是测绘地貌的重要依据。

图 5-5 所示是各种典型地貌的综合及相应的等高线。

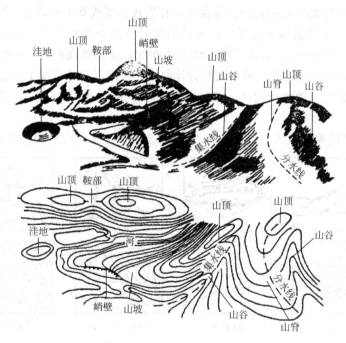

图 5-5　各种地貌的等高线

3）等高线的特性　综上所述，可概括出等高线具有以下几个特性。

① 在同一等高线上，各点的高程相等。

② 等高线应是自行闭合的连续曲线，不在图内闭合即图外闭合。

③ 除在悬崖处，等高线不能相交。

④ 地面坡度是指等高距 h 及平距 d 之比，用 i 表示，即 $i = \dfrac{h}{d}$。在等高距 h 不变的情况下，平距 d 越小，即等高线越密，则坡度越陡；反之，如果平距 d 越大，等高线越疏，则坡度越缓。当几条等高线的平距相等时，表示坡度均匀。

⑤ 等高线通过山脊和山谷线，必须改变方向，而且与山脊线、山谷线垂直相交。

5.2 测图前的准备工作

5.2.1 收集资料

① 收集政策性和技术性的文件。测绘工作开始前应收集与测绘工作相关的政府文件、上级部门的文件和技术性规定，如《工程测量规范》、《大比例尺地形图机助制图规范》等技术规定、规范，作为测量工作的依据和参考。

② 收集项目招标书、项目合同书、测量工作任务书等有关资料。

③ 收集现有控制点资料，包括控制点成果表、点之记等。

④ 收集有关图件资料。收集能作为测量工作用图的资料，如测绘区域现有地形图资料、《地形图图式》、《地形图要素分类与代码》等。

5.2.2 现场踏勘考察

现场踏勘主要了解测区的自然地理状况、气候、土壤、植被等自然因素，民风民俗、交通、治安、卫生等人文因素和测区已有成果质量、分布、完好程度、作业的难度等级等技术因素，并形成踏勘报告。

5.2.3 编写技术设计书

为了保证测图成果符合技术标准、满足用户要求，并获得最佳的社会效益和经济效益，测图之前应进行技术设计。技术设计书的内容包括以下主要部分。

（1）概述　说明项目来源、内容和目标、作业区范围和行政隶属、任务量、完成期限等。

（2）作业区自然地理概况　包括作业区的地形情况和地貌特征、地形类别、困难类别、海拔高度、相对高差、气候情况以及其他需要说明的情况。

（3）已有资料情况　说明已有资料的数量、形式、主要质量情况和评价，说明已有资料的可用性和利用方案等。

（4）引用文件和作业依据　说明技术设计编写过程所引用的标准、规范和其他技术文件。

（5）主要指标和技术规格　说明成果的种类及形式、坐标系统、高程基准、比例尺、分带、投影方法、数据的内容、数据格式、数据精度以及其他技术指标等。

（6）设计方案。

① 硬件、软件配置：硬件包括主要仪器、数据处理设备、数据存储设备、数据传输设备等，软件包括主要应用的处理软件和应用软件。

② 技术路线和工艺流程：主要包括生产过程和各个环节的衔接，规定生产作业的主要过程和接口关系。

③ 技术规定：包括作业过程、作业方法和技术、质量要求。

④ 上交资料和归档成果：规定上交和归档成果内容、要求和数量。其中成果数据要求规定数据内容、组织、格式、存储介质等，而文档资料要求规定上交资料的类型（如技术设计文件、技术总结、质量检查验收报告、记录手簿等）及数量。

⑤ 质量保证措施和要求：要求阐明组织管理措施、资源保证措施、质量控制措施、数据安全措施等。

（7）进度安排和经费预算　对各个工序的进度安排和经费预算作出规定和说明。

(8) 附录 需要进一步说明的技术要求以及相关的附图、附表等。

5.2.4 人员和设备准备

测图之前应根据测图任务的工作量和难度系数进行人员组织、配备和技术培训，并完成设备配置和仪器检验校正等工作。

5.3 控制测量

地形图测绘的外业工作主要是控制测量和碎部测量。控制测量即建立图根控制网，包括平面控制测量和高程控制测量，为碎部测量提供基础数据，起整体架构和精度控制的作用。

目前我国已建立起较为完整的国家控制网，各地也建立了地方控制网。所以地形图测绘在收集资料阶段一定要收集国家和地方的控制点数据，并对这些控制点的数量、等级、分布、完好程度进行充分调查、分析，用以确定图根控制测量的方式。

用于地形图测绘的控制点称为图根点，图根控制点数量一般不少于表 5-3 的规定。

表 5-3 一般地区解析图根点的数量

测图比例尺	图幅尺寸 /cm	解析图根点数量/个		
		全站仪测图	GPS RTK 测图	平板测图
1：500	50×50	2	1	8
1：1000	50×50	3	1～2	12
1：2000	50×50	4	2	15
1：5000	40×40	6	2	30

5.3.1 图根平面控制测量

图根平面控制可采用图根导线、极坐标法、边角交会法和 GPS 测量等方法。

（1）图根导线一般布设为附合导线为宜，其技术指标按表 5-4 执行。

表 5-4 图根导线的技术要求

导线长度	相对闭合差	测角中误差/(″)		方位角闭合差/(″)	
		一般	首级控制	一般	首级控制
$\leq a \times M$	$\leq 1/(2000 \times a)$	30	20	$60\sqrt{n}$	$40\sqrt{n}$

注：1. a—比例系数，宜取值为 1，当采用 1：500、1：1000 比例尺测图时，可在 1～2 之间选用；M—比例尺的分母，但对于工矿区现状测量，不论测图比例尺大小，M 均取 500。

2. 隐蔽或施测困难地区导线相对闭合差可适当放宽，但不应大于 $1/(1000 \times a)$。

对于难以布设附合导线的地区，可布设成支导线。支导线的水平角观测可用 6″级经纬仪施测左、右角各一测回，其圆周角闭合差不应超过 40″。边长应往返测，其较差的相对误差不应大于 1/3000。导线平均边长及边数不应超过表 5-5 的规定。

表 5-5 图根支导线的平均边长及边数

测图比例尺	平均边长/m	导线边数	测图比例尺	平均边长/m	导线边数
1：500	100	3	1：2000	250	4
1：1000	150	3	1：5000	350	4

（2）极坐标法图根点测量，宜采用全站仪角度距离各测一测回。观测限差见表 5-6。

表 5-6　极坐标法图根点测量限差

半测回归零差/(″)	两半测回角度较差/(″)	测距读数较差/mm	正、倒镜高差较差/m
≤20	≤30	≤20	≤$h_d/10$

注：h_d—基本等高距，m。

极坐标法图根测量的边长不应大于表 5-7 的规定。

表 5-7　极坐标法图根测量的最大边长

比例尺	1：500	1：1000	1：2000	1：5000
最大边长/m	300	500	700	1000

（3）GPS 图根控制测量宜采用 GPS RTK 方法直接测定图根点的坐标和高程。对每个图根点均应进行同一参考站或不同参考站下的两次独立测量，其点位误差不应大于图上 0.1mm，高程较差不应大于基本等高距的 1/10。

（4）测边交会和测角交会其交会角应在 30°～150°之间，观测误差应满足极坐标法图根点测量误差限差要求。分组计算所得坐标较差不应大于图上 0.2mm。

5.3.2　图根高程控制

图根高程控制可采用图根水准、电磁波测距三角高程等方法。

（1）图根水准起算点的精度不低于四等水准高程点，主要技术指标见表 5-8。

表 5-8　图根水准测量的主要技术指标

每千米高差全中误差/mm	附合路线长度/km	水准仪型号	视线长度/m	观测次数		往返较差、附合或环线闭合差/mm	
				附合或闭合路线	支水准路线	平地	山地
20	≤5	DS₃	≤100	往 1 次	往返各 1 次	$40\sqrt{L}$	$12\sqrt{n}$

注：1. L—往返测段、附合或环线水准路线的长度（km）；n—测站数。
　　2. 支水准路线长度不应大于 2.5km。

（2）图根电磁波测距三角高程测量起算点精度应不低于四等水准高程点，并符合表 5-9 的技术要求。

表 5-9　图根电磁波测距三角高程的主要技术指标

每千米高差全中误差/mm	附合路线长度/km	仪器等级精度	中丝法测回数	指标差较差/(″)	垂直角较差/(″)	对向观测高差较差/mm	附合或环形闭合差/mm
20	≤5	6″级	2	25	25	$80\sqrt{D}$	$40\sqrt{\sum D}$

注：1. D—电磁波测距边的长度，km。
　　2. 仪器高和目标高量取应精确至 1mm。

5.4　野外数据采集

野外数据采集是地形图测绘的另一项野外工作，它是在控制测量的基础上，以图根控制点为测站，测出其周围地物、地貌特征点的坐标和高程，记录数据并现场绘制草图。

反映地物轮廓和几何位置的点称为地物特征点，如房屋、道路中线或边线，河岸线，各种地物的转折、交叉、变向点等。地貌则可近似地看做由许多形状、大小、坡度方向不同的斜面组成，这些斜面交线或棱线通常称为地性线。地性线上的坡度变化点和方向改变点、峰顶、鞍部的中心、盆地的最低点等都是地貌特征点。地物和地貌特征点统称为碎部点。地形图测绘即测绘出必要的碎部点并按规定的图式符号表示出来。

野外数据采集方法常用全站仪数据采集方法和 GPS RTK 野外数据采集方法。

5.4.1 碎部点的选择

测绘地形图的精度与速度与能否正确合理地选择碎部点有着密切的关系。因此必须要了解测绘地形图有关的技术要求，掌握地形的变化规律，并能根据测图比例尺的大小和用图目的等方面对碎部点进行综合取舍，图 5-6 所示为选择碎部点示意图。

图 5-6　选择碎部点示意图

(1) 地物特征点的选择

1) 能用比例符号表示的地物特征点的选择　能按比例尺测绘出形状和大小的地物，以其轮廓点为地物特征点，如居民地。但由于地物形状不规则，一般规定地物在图上的凸凹部分大于 0.4mm 时这些轮廓点选为地物特征点；否则忽略不计。

2) 用半比例符号表示的地物特征点的选择　对于一些线状地物如道路、管线等，当其宽度无法按比例尺在图上进行表示时，只对其位置和长度进行测定，这些地物的起始点和中途方向或坡度变换点选作地物特征点。

3) 非比例符号地物特征点的选择　对于不能在地形图上按比例尺表示的独立地物如电杆、水井、三角点、纪念碑等，应以其中心位置作为地物特征点。

(2) 地貌特征点的选择

1) 能用等高线表示的地貌特征点的选择。尽量选择地貌斜面交线或棱线等地性线以及地性线上的坡度变化点和方向改变点、峰顶、鞍部的中心、盆地的最低点等作为特征点，如山头、盆地等。

2) 不能用等高线表示的地貌特征点的选择。以这些地貌的起始位置，范围大小等作为选择，如陡崖、冲沟等。

为了能真实地用等高线表示地貌形态，除对明显的地貌特征点必须选测外，还需要其间保持一定的立尺密度，使相邻立尺点间的最大间距不超过表 5-10 的规定。

5.4.2 全站仪数据采集

全站仪是数字测图的常用仪器。外业测绘时，具体操作如下。

(1) 仪器安置　将全站仪安置在控制点上，对中、整平，量取仪器高。仪器高应至少量

2 次，相差不超过 5mm 取平均值作为仪器高。

表 5-10   地貌点间视距长度

测图比例尺	立尺点间隔 /m	视距长度单位/m	
		主要地物	次要地物地形点
1∶500	15	80	100
1∶1000	30	100	150
1∶2000	50	180	250
1∶5000	100	300	350

（2）设置作业   一般全站仪都要进行这项工作，目的是建立一个文件目录用于存放数据。作业名称可以采取作业员姓名加观测日期的方式，这样便于数据文件管理。

（3）设置测站   将测站点的名称、坐标、高程、仪器高等数据输入全站仪。测站点的名称、坐标和高程输入，可以采取人工输入，也可从全站仪内存中读取。地形图测绘前，可将控制点数据作为已知点数据文件输入全站仪，存入仪器内存，使用时直接读取。若已知点数据文件中没有所需数据，则人工输入。仪器高根据提示将量取数据输入即可。

（4）仪器定向   目的是使全站仪视准轴与已知方位角一致。定向有两种方式：一是人工输入，二是坐标定向。人工输入定向时首先照准定向点，该定向点通常是另外的控制点，然后输入测站点与定向点的方位角。坐标定向则是在照准定向点之后，输入定向点的坐标，待全站仪自动计算方位角之后确认。定向点坐标输入同样可以从已知点数据文件中读取。全站仪定向实际就是将水平度盘配成已知方位角，这样全站仪照准某一方向时，显示的就是该方向的方位角。

（5）坐标高程测量   开始之前，应先照准已知点进行测量检核，确保后续测量数据的可靠性。坐标测量时应注意的问题是要根据棱镜高度的变化及时输入修改棱镜高度。

（6）绘制工作草图和记录数据   在进行数字测图时，如果测区有相近比例尺的地形图，可以利用旧图或影像图并适当放大复制，裁成合适大小作为工作草图。否则，应在数据采集时及时绘制工作草图。草图上应有碎部点点号、地物的相关位置、地貌的地性线、地理名称和说明注记等。对于地物、地貌，尽可能与地形图图式一致。草图上标注的测点编号应与数据采集记录中测点编号一致，地形要素之间的相关位置必须准确。地形图上需注记的各种名称、地物属性等，草图上也必须标记清楚正确。草图可按地物关系逐块绘制，也可按测站绘制。

数据记录可直接记录在仪器内存中，但一般应有纸质记录。记录应包括以下内容。

1）一般数据：测区代号、观测日期，天气、气温、气压、观测者、记录者等信息。

2）仪器数据：仪器类型、精度，测距加常数、乘常数等。

3）测站数据：测站点名称或点号、定向点名称或点号、仪器高等。

4）碎部点数据：测点编号、测点属性、测点坐标、高程、连接点号和类型等。

5.4.3   RTK 野外数据采集

RTK 实时动态测量系统是集计算机技术、数字通信技术、无线电技术和 GPS 测量定位技术为一体的组合系统。RTK 定位精度高，可以全天候作业，点的误差均匀不累积。外业作业简单，只需一个人操作，属于真正一个人的操作系统。RTK 技术的应用使得地形图测绘逐步摆脱先控制、后加密、再测图的作业方式，节省大量的时间以及人力物力。但 RTK

技术遇到高大建筑或树木等遮挡卫星信号时，则无法工作。因此，可以将 RTK 技术和全站仪测图结合使用。即用 RTK 技术完成图根控制测量和空旷地区的地形测绘，用全站仪完成村庄树林等地的地形图测绘。

 5.5 成图软件与地形图绘制

大比例尺数字地形图成图软件很多，不同的数字测图软件在数据采集方法、数据记录格式、图形文件格式和图形编辑功能等方面各有其特点。但基本上大同小异。本书以广州南方测绘开发的 CASS7.0 为例，说明数字地形图的成图方法。

5.5.1 数据传输

数据传输就是将全站仪内存的数据传输给计算机，进行地形图绘制，具体步骤如下。

（1）用通信电缆将全站仪与计算机连接好。

（2）自"数据通信"项选择"读取全站仪数据"，出现图 5-7 所示的对话框。

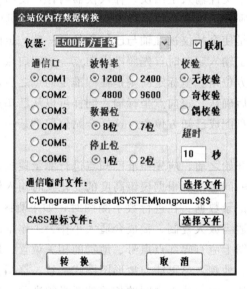

图 5-7 "全站仪内存数据转换"对话框

（3）选择对应的全站仪，将计算机与全站仪的通信参数（波特率、校验位、数据位和停止位等）设置一致，输入想要保存的文件名，保存再转换。

注意：若出现"数据文件格式不对"提示时，有可能是下列情形。

1）数据通信的通路问题，电缆型号不对或计算机通信端口不通。

2）全站仪和软件两边通信参数设置不一致。

3）全站仪传输的数据文件中没有包含坐标数据，这种情况可以通过查看 tongxun. $$$ 来判断。

数据文件的格式应为"序号,, y 坐标, x 坐标, 高程"。如：

$$1,,y_1,x_1,H_1$$

$$2,,y_2,x_2,H_2$$

$$\cdots$$

5.5.2 内业成图

（1）平面图绘制

1）定显示区　其作用是根据输入坐标数据文件的数据大小定义屏幕显示区域的大小，以保证所有点可见。

首先移动鼠标至"绘图处理"项，按左键，即出现图 5-8 所示的下拉菜单。然后选择"定显示区"项，按左键，选择碎部点坐标数据文件。命令区显示最大最小坐标，例如：

最小坐标（m）$x=87.315$，$y=97.020$

最大坐标（m）$x=221.270$，$y=200.00$

2）选择"展野外测点点号"　选择碎部点坐标数据文件后，命令区提示：读点完成！共读入 n 点。

3）绘制平面图　根据野外作业时绘制的草图，移动鼠标至屏幕右侧菜单区选择相应的地形图图式符号，然后在屏幕中将所有的地物绘制出来。系统中所有地形图图式符号都是按照图层来划分的，例如所有表示测量控制点的符号都放在"控制点"这一层，所有表示独立地物的符号都放在"独立地物"这一层，所有表示植被的符号都放在"植被园林"这一层。

根据外业草图选择相应的地图图式符号，在屏幕上将平面图绘出来。

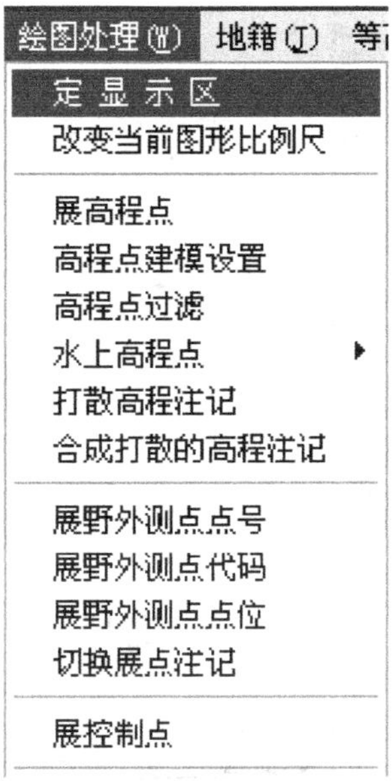

如图 5-9 所示，由 33，34，35 号点连成一间普通房屋。移动鼠标至右侧菜单"居民地/一般房屋"处按左键，系统便弹出图 5-10 所示的对话框。再移动鼠标到"四点房屋"的图标处按左键，图标变亮表示该

图 5-8　"绘图处理"下拉菜单

（下拉菜单内容）

绘图处理(W)　地籍(J)　等i

定 显 示 区
改变当前图形比例尺

展高程点
高程点建模设置
高程点过滤
水上高程点　　▶
打散高程注记
合成打散的高程注记

展野外测点点号
展野外测点代码
展野外测点点位
切换展点注记

展控制点

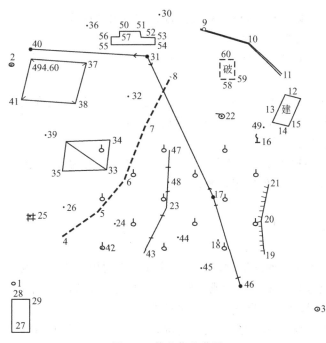

图 5-9　外业作业草图

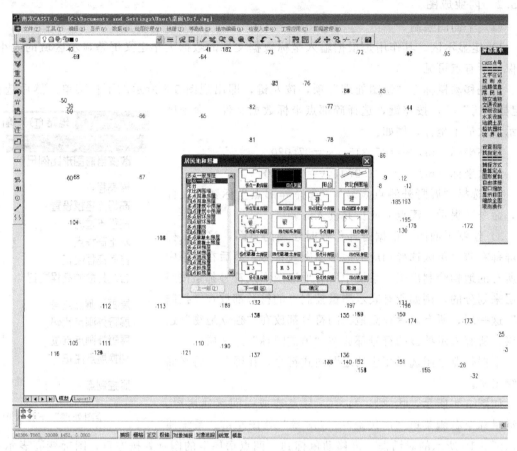

图 5-10　居民地/一般房屋绘制

图标已被选中，然后移鼠标至"OK"处按左键，这时命令区提示：

绘图比例尺 1：输入 1000，回车。

已知三点/2，已知两点及宽度/3。已知四点〈1〉：输入 1，回车（直接回车系统默认值 1）。

说明：已知三点是指矩形房子测了 3 个点；已知两点及宽度点则是指测矩形房子时测了 2 个点及房子的一条边；已知四点是测了房子的 4 个角点。

点 P/〈点号〉输入 33，回车。

说明：点 P 是指根据实际情况在屏幕上指定一个点；点号是指绘地物符号定位点的点号（与草图的点号对应），此处使用点号。

点 P/〈点号〉输入 34，回车。

点 P/〈点号〉输入 35，回车。

至此，即将 33、34、35 号点连成一间普通房屋。

注意：当房子是不规则的图形时，可用"实线多点房屋"或"虚线多点房屋"绘制；绘制房子时，输入的点号必须按顺时针或逆时针的顺序输入，如上例中的点号按 34、33、35 或 35、33、34 的顺序输入，否则绘出来的房子不正确。

同样在"居民地/桓栅"层找到"依比例围墙"的图标，将 9、10、11 号点绘成依比例围墙的符号；在"居民地/桓栅"层找到"篱笆"的图标，将 47、48、23、44、43 号点绘成篱笆的符号，完成这些操作后，其平面图如图 5-11 所示。

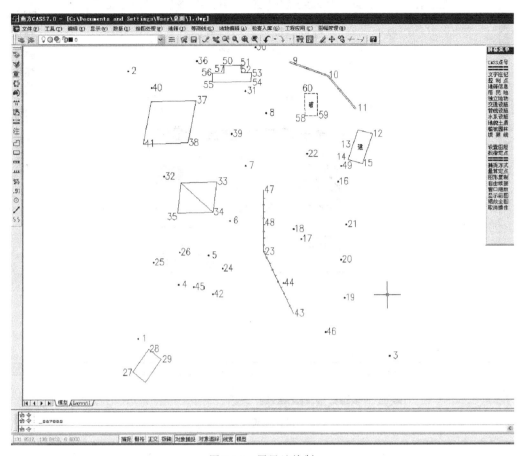

图 5-11　居民地绘制

　　再把草图中的 19、20、21 号点连成一段陡坎，其操作方法：先移动鼠标至右侧屏幕菜单"地貌土质/坡坎"处按左键，这时系统弹出图 5-12 所示的对话框。移鼠标到表示未加固陡坎符号的图标处按左键选择其图标，再移动鼠标到"OK"处按左键确认所选择的图标。命令区便分别出现以下的提示：

　　请输入坎高，单位：米〈1.0〉；输入坎高，回车（直接回车系统默认为 1m）。

　　说明：在这里输入的坎高是系统将坎顶的高程减去坎高得到坎底点高程，这样在建立（DTM）时，坎底点便参与组网的计算。

　　点 P/〈点号〉：输入 19，回车。

　　点 P/〈点号〉：输入 20，回车。

　　点 P/〈点号〉：输入 21，回车。

　　点 P/〈点号〉：回车或按鼠标右键，结束输入。

　　说明：如果需要在点号定位的过程中临时切换到坐标定位，可以按"P"键进入坐标定位状态，想回到点号定位状态时再按"P"键即可。

　　拟合吗？〈N〉回车或按鼠标右键，默认输入 N。

　　说明：拟合的作用是对复合线进行圆滑。

　　这时，便在 19，20，21 号点之间绘成陡坎的符号，如图 5-13 所示。注意：陡坎上的坎

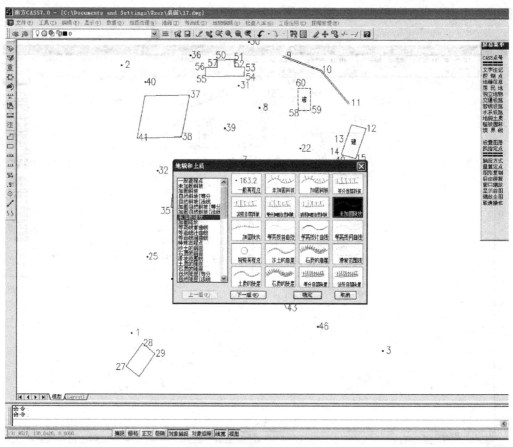

图 5-12　地貌土质绘制

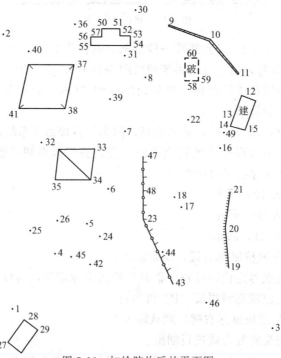

图 5-13　加绘陡坎后的平面图

毛生成在绘图方向的左侧。

重复上述的操作便可以将所有测点用地图图式符号绘制出来。在操作过程中，可以嵌用CAD的透明命令，如放大显示、移动图纸、删除、文字注记等。

（2）绘制等高线

1）建立数字地面模型（构建三角网）　绘制等高线的第一步工作是建立数字地面模型。

① 选择"展高程点"，如图 5-14 所示，根据规范要求输入高程点注记距离（即注记高程点的密度），回车默认为注记全部高程点的高程。这时，所有高程点和控制点的高程均自动展绘到图上。

② 打开"等高线"下拉菜单，如图 5-15 所示。选择"建立 DTM"，出现图 5-16 所示的对话框。

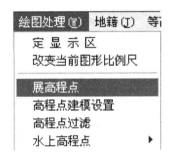

图 5-14　"绘图处理"下拉菜单

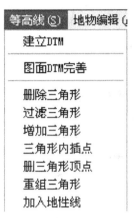

图 5-15　"等高线"下拉菜单

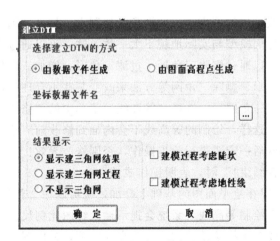

图 5-16　选择高程数据文件

③ 选择建立 DTM 的方式，分为两种方式：由数据文件生成或由图面高程点生成。如果选择由数据文件生成，则在坐标数据文件名中选择坐标数据文件；如果选择由图面高程点生成，则在绘图区选择参加建立 DTM 的高程点。然后选择结果显示，分为 3 种：显示建三角网结果、显示建三角网过程和不显示三角网。最后选择在建立 DTM 的过程中是否考虑陡坎和地性线，点击"确定"后生成图 5-17 所示的三角网。

2）修改数字地面模型（修改三角网）　一般情况下，由于地形条件的限制，在外业采集

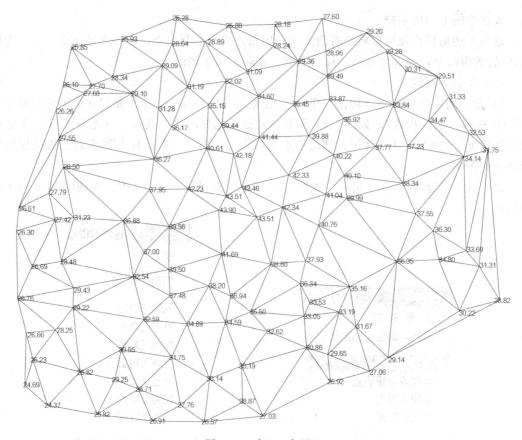

图 5-17　建立三角网

的碎部点很难一次性生成理想的等高线，如楼顶上控制点。另外还因现实地貌的多样性和复杂性，自动构成的数字地面模型与实际地貌不太一致，这时可以通过修改三角网来修改这些局部，对不合理的地方可以通过删除三角形、过滤三角形、增加三角形、三角形内插点、删除三角形顶点、重组三角形、删除三角网等方法来改变某些不合理的地方。

　　通过以上命令修改了三角网后，选择"等高线"菜单中的"修改结果存盘"项，把修改后的数字地面模型存盘。这样，绘制的等高线不会内插到修改前三角形内。

　　注意：修改了三角网后一定要进行此步操作，否则修改无效！

　　当命令区显示"存盘结束！"时，表明操作成功。

　　3）绘制等高线　可以在绘平面图的基础上叠加，也可以在"新建图形"的状态下绘制。如在"新建图形"状态下绘制等高线，系统会提示输入绘图比例尺。

　　用鼠标选择"等高线"下拉菜单的"绘制等高线"项，弹出图 5-18 所示的对话框。

　　对话框中会显示参加生成 DTM 的高程点的最小高程和最大高程。如果只生成单条等高线，则在单条等高线高程中输入这条等高线的高程；如果生成多条等高线，则在等高距框中输入相邻两条等高线之间的等高距。最后选择等高线的拟合方式，共有 4 种拟合方式：不拟合（折线）、张力样条拟合、三次 B 样条拟合和 SPLINE 拟合。观察等高线效果时，可输入较大等高距并选择不光滑，以加快速度。如选张力样条拟合，则拟合步距以 2m 为宜，但此时生成的等高线数据量较大，速度稍慢。测点较密或等高线较密时，最好选择光滑三次 B 样条拟合，也可选择不光滑，然后再用"批量拟合"功能对等高线进行拟合。选择 SPLINE

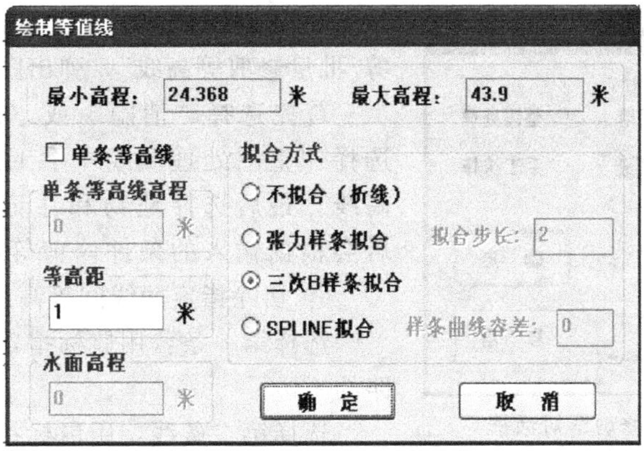

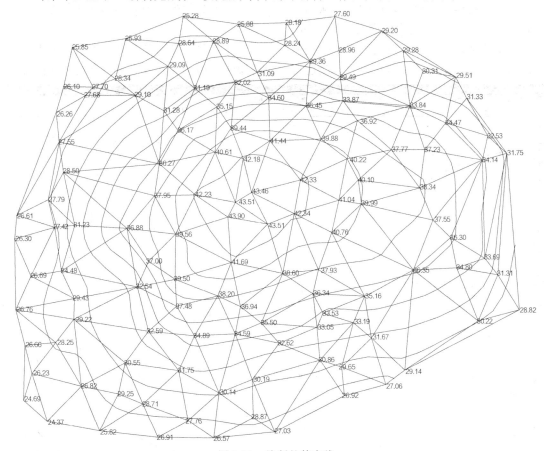

图 5-18　绘制等高线

拟合则用标准 SPLINE 样条曲线绘制等高线，提示"请输入样条曲线容差：〈0.0〉"，容差是曲线偏离理论点的允许差值，可直接回车。SPLINE 线的优点在于即使其被断开后仍是样条曲线，可以进行后续编辑修改；缺点是较三次 B 样条拟合容易发生线条交叉现象。

当命令区显示"绘制完成！"便完成等高线的绘制工作，如图 5-19 所示。

图 5-19　绘制的等高线

4）等高线的修饰。

① 注记等高线：选择"等高线"下拉菜单中"等高线注记"的"单个高程注记"项。光标移至要注记高程的等高线位置进行高程注记。

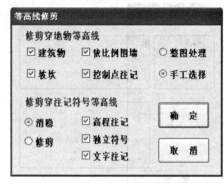

图 5-20 "等高线修剪"对话框

② 等高线修剪：左键点击"等高线/等高线修剪/批量修剪等高线"，弹出图 5-20 所示的对话框。

首先选择"消隐"或"修剪"等高线，然后选择"整图处理"或"手工选择"需要修剪的等高线，最后选择地物和注记符号，单击"确定"后会根据输入的条件修剪等高线。

③ 切除指定两线间等高线：命令区提示如下。

选择第一条：用鼠标指定一条线，例如选择公路的一边。

选择第二条线：用鼠标指定第二条线，例如选择公路的另一边。

程序将自动切除等高线穿过此两线间的部分。

④ 切除指定区域内等高线：选择一封闭复合线，系统将该复合线内所有等高线切除。注意：封闭区域的边界一定要是复合线；如果不是，系统将无法处理。

⑤ 等值线滤波：此功能可能在很大程度上给绘制好等高线的图形文件"减肥"。一般的等高线都是用样条拟合的，这时虽然从图上看出来的节点数很少，但事实却并非如此。下面以高程为 38m 的等高线为例进行说明，如图 5-21 所示。

选中等高线后会发现图上出现了一些夹持点，这些点并不是这条等高线上实际的点，而是样条的锚点。要还原它的真面目，应进行下面的操作：用"等高线"菜单下的"切除穿高

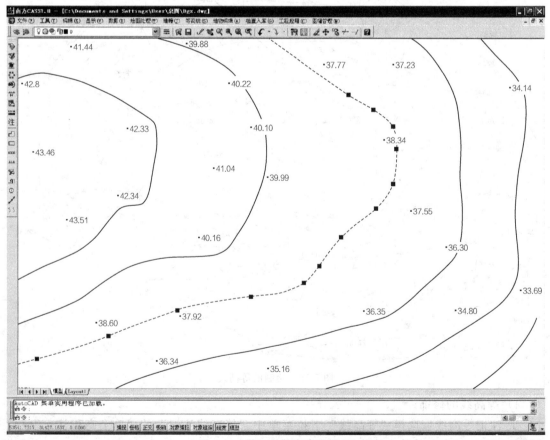

图 5-21 剪切前等高线夹持点

程注记等高线"，然后看结果，如图 5-22 所示。

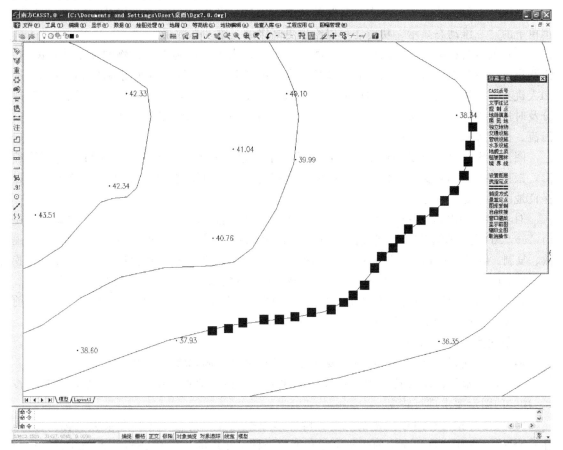

图 5-22　剪切后等高线夹持点

在等高线上出现了密布的夹持点，这些点才是这条等高线真正的特征点。所以如果看到一个很简单的图生成了等高线后变得非常大，原因就在这里。如果想将这幅图的尺寸变小，用"等值线滤波"功能即可。执行此功能后，系统提示如下。

请输入滤波阈值〈0.5米〉：这个值越大，精简的程度就越大，但是会导致等高线失真（变形），因此，用户可根据实际需要选择合适的值（一般选系统默认值即可）。

5）绘制三维模型　建立了 DTM 之后，即可生成三维模型，观察立体效果。移动鼠标至"等高线"项，按左键，出现下拉菜单。然后移动鼠标至"绘制三维模型"项，按左键，命令区提示如下。

输入高程乘系数〈1.0〉：输入 5。

如果用默认值，建成的三维模型与实际情况一致。如果测区内的地势较为平坦，可以输入较大的值，将地形的起伏状态放大。因本例坡度变化不大，输入高程乘系数将其夸张显示。

是否拟合？1 是、2 否〈1〉：回车，默认选 1，拟合。

这时将显示此数据文件的三维模型，如图 5-23 所示。

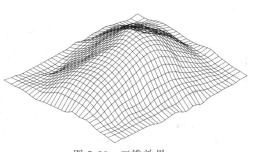

图 5-23　三维效果

单元 ⑤

大比例尺地形图测绘

99

另外利用"低级着色方式"、"高级着色方式"功能还可对三维模型进行渲染等操作,利用"显示"菜单下的"三维静态显示"的功能可以转换角度、视点、坐标轴,利用"显示"菜单下的"三维动态显示"功能还可以绘出更高级的三维动态效果。

(3)编辑与整饰 在大比例尺数字测图过程中,由于实际地形、地物的复杂性,漏测、错测是难以避免的,这时必须要有一套功能强大的图形编辑系统,对所测地图进行屏幕显示和人机交互图形编辑,在保证精度的情况下消除相互矛盾的地形、地物,对于漏测或错测部分及时进行外业补测或重测。另外,编辑与整饰对于地图上的许多文字注记说明,如道路、河流、街道等也是很重要的。

图形编辑的另一重要用途是对大比例尺数字化地图的更新,可以借助人机交互图形编辑,根据实测坐标和实地变化情况,随时对地图的地形、地物进行增加或删除、修改等,以保证地图有很好的现势性。

对于图形的编辑,CASS7.0提供"编辑"和"地物编辑"两种下拉菜单。其中,"编辑"是由 AutoCAD 提供的编辑功能,包括图元编辑、删除、断开、延伸、修剪、移动、旋转、比例缩放、复制、偏移复制等;"地物编辑"是由南方 CASS 系统提供的对地物编辑功能,包括线型换向、植被填充、土质填充、批量删剪、批量缩放、窗口内的图形存盘、多边形内图形存盘等。

1)改变比例尺 打开已有图形,选择"绘图处理"菜单项,按左键,选择"改变当前图形比例"功能,命令区提示如下。

当前比例尺为 1∶500

输入新比例尺〈1∶500〉1:输入要求转换的比例尺,例如输入 1000。

这时屏幕显示的图就转变为 1∶1000 的比例尺,各种地物包括注记、填充符号都已按1∶1000的图示要求进行转变。

2)图形分幅 在图形分幅前,应了解图形数据文件中的最小坐标和最大坐标。注意:在 CASS7.0 下侧信息栏显示的数学坐标和测量坐标是相反的,即 CASS7.0 系统中前面的数为 Y 坐标(东方向),后面的数为 X 坐标(北方向)。

将鼠标移至"绘图处理"菜单项,按左键,弹出下拉菜单,选择"批量分幅/建方格网",命令区提示如下。

请选择图幅尺寸:50×50、50×40、自定义尺寸。按要求选择,此处直接回车默认选1。

输入测区一角:在地形图左下角按左键。

输入测区另一角:在图形右上角按左键。这样在所设目录下就产生了各个图幅,自动以各个分图幅左下角的东坐标和北坐标结合起来命名,如"29.50-39.50"、"29.50-40.00"等。如果要求输入分幅图目录名时直接回车,则各个分幅图自动保存在安装 CASS7.0 的驱动器的根目录下。

选择"绘图处理/批量分幅/批量输出",在弹出的对话框中确定输出的图幅的存储目录名,然后点"确定",即可批量输出图形到指定的目录。

3)图幅整饰 把图形分幅所保存的图形打开,选择"文件"的"打开已有图形"项,在对话框中输入文件名,图形即被打开。

选择"绘图处理"中的"标准图幅(50×50cm)"项,显示图 5-24 所示的对话框。输入图幅的名字、邻近图名、

图 5-24　输入图幅信息

建筑工程测量

测量员、绘图员、检查员，在左下角坐标的"东"、"北"栏内输入相应坐标，例如此处输入40 000，30 000，回车。在"删除图框外实体"前打钩则可删除图框外实体，按实际要求选择，例如此处打钩。最后用鼠标单击"确定"按钮即可。因为 CASS7.0 系统所采用的坐标系统是测量坐标，即 1:1 的真坐标，加入 50cm×50cm 图廓，即成一张标准分幅的地形图。

5.6 检查验收

为了保证地形图的质量，除施测过程中加强检查外，在地形图测绘完毕后，应对完成的结果、成图资料进行严格的多级检查，不合格的按情况予以补测或返工。地形图检查的内容包括室内检查和室外检查。

5.6.1 检查

（1）室内检查

① 图根控制点的密度应符合要求，位置恰当；各项较差、闭合差应在规定范围内；原始记录和计算成果应正确，项目填写应齐全。

② 地形图图廓、方格网应符合要求；测站点的密度和精度应符合规定；地物、地貌各要素测绘应正确、齐全、取舍恰当，图式符号运用正确；图例填写应完整清楚，各项资料齐全。

③ 检查地物、地貌要素的表达是否完善，地物、地貌要素之间的相对关系是否合理，有无明显的冲突或矛盾，图内注记有无遗漏或差错，如房屋类别、层数，村镇名称，道路、河流、山岭名称等。

（2）室外检查　根据内业检查的情况，有计划地制定检查路线，进行实地对照查看，检查地物、地貌有无遗漏；等高线是否合理，符号、注记是否正确等。室外检查时，可带一把钢尺，检查图上距离与实地距离是否相符。再根据内业检查和巡视检查发现的问题，到野外设站检查，除对发现的问题进行修正和补测外，还要对本测站所测地形进行检查，检查原测地形图是否符合要求。

检查验收以测量规范的各项规定为准。凡作业项目达到规定精度要求的即为合格。

5.6.2 检查验收报告

检查验收工作完成后，即编写验收报告，随测量成果鉴定归档。检查验收报告的主要内容如下。

① 参加检查验收的人员、时间和检查方法。

② 测量各项技术标准合格率及对成果的综合评价。

③ 不合格部分的主要问题类型、性质、数量及处理意见。

④ 对测量成果的利用意见及建议。

地形测量成果经检查验收合格的，由检查者负责签字，检查者对成果质量负责；对不合格的测量，验收小组提出纠错的具体意见，待重新检测修订后在适当时候进行补验收。

5.6.3 技术总结

地形测量全部工作结束后应编写技术总结报告，主要包括下列内容。

① 概述，包括测量区域的地理地貌概况，资料收集及利用情况。

② 作业依据。

③ 作业程序和方法，包括采用的仪器设备及检校情况，作业的具体方法和过程。

④ 任务实施情况，包括任务实施起止时间、过程及完成情况。

⑤ 成果精度、质量情况及采取的措施。

⑥ 技术设计的执行情况，存在的主要问题及处理情况。

⑦ 检查与处理情况。

⑧ 成果资料清单。

⑨ 经验、体会和建议。

小结：本单元主要介绍了地形图的基础知识、数字地形图的野外数据采集和利用软件绘制地形图等工作，为测绘地形图和竣工图提供基础方法。

能力训练　地形图测绘能力评价

（1）能力目标　能根据现场情况，利用全站仪和绘图软件完成指定范围的地形图或竣工图测绘工作。

（2）考核项目（工作任务）　根据已有控制点情况，以小组为单位完成一栋校园建筑及其周围道路等地形的测绘。

表 5-11　地形图测绘能力评价考核记录

班级：＿＿＿＿＿＿＿＿　　组别：第＿＿＿＿＿＿＿＿组　　考核教师：＿＿＿＿＿＿＿＿

日期：＿＿＿＿＿＿＿＿　　仪器：＿＿＿＿＿＿＿＿

小组人员：＿＿＿＿＿＿＿＿＿＿＿＿＿＿＿＿＿＿＿＿＿＿＿＿＿＿＿

考核项目	考核指标	配分	评分标准及要求	得分	备注
地形图测绘	方法正确及步骤合理程度	10	熟悉地形图测绘的流程，操作步骤合理规范，否则按具体情况扣分		
	地形图完整程度	15	对于指定范围的地形图测绘要完整，没有遗漏，否则，根据情况扣分		
	地形图准确程度	15	现场检测地形图中的数据，误差在限差之内（地形图上地物点相对于邻近图根点的点位中误差不超过 0.6mm），否则，根据具体情况扣分		
	地形图表达的合理程度	10	地形图表达合理正确，符合最新图式规范要求，否则根据具体情况扣分		
	时间	10	小于 7h 记 20 分；7～8h 记 18 分；8～9h 记 16 分；9～10h 记 14 分；10h 以上老师根据具体情况记 0～12 分		
	所测地形图的难度	10	按所测地形图进行难度分级，老师根据具体情况评分		
	其他能力：学习、沟通、分析问题解决问题的能力等	10	由考核教师根据学生表现酌情给分		
	仪器、设备使用维护是否合理、安全及其他	10	工作态度端正，仪器使用维护到位，文明作业，无不安全事件发生，否则按具体情况扣分		
	组员互评得分	10	由组员根据每个同学在考核中的表现排名评分		
考核结果与评价	考评评分合计				
	考评综合等级				
	综合评价：				

（3）考核环境　场地和仪器工具准备：每组选 1 栋校园建筑，根据现场条件和给定已知数据，利用全站仪和绘图软件完成该建筑及其附属地物的测绘工作。仪器工具包括全站仪 1 套，计算机及绘图软件，木桩若干，铁锤 1 把，记录板 1 块。

（4）考核时间　每组必须在 10h 内完成。

（5）评价方法　以小组为单位进行考核。所测地形完整没有遗漏，图面清晰表达正确，检核满足规范要求，根据所用时间、仪器的操作熟练程度、小组人员配合的默契程度、检核数据精度等综合评定成绩。

（6）评价标准及评价记录表　见表 5-11。

思考与练习

1. 地形图按比例尺划分可分为几类？大比例尺地形图包括哪些？

2. 地物符号分哪几类？

3. 如何表示地貌？

4. 碎部点应如何选择？

5. 图根控制测量包括哪些内容，有哪些方法？控制测量在地形图测绘过程中起什么作用？

6. 通过书本知识和实训，总结地形图野外数据采集的内容与注意事项。

7. RTK 用于地形图测绘有哪些优势与劣势？

8. 利用绘图软件绘图主要步骤有哪些？

9. 简述利用南方绘图软件绘制等高线的过程。

10. 地形图检查验收包括哪些内容？

11. 简述地形图测绘的工作流程。

12. 以小组为单位完成指定范围的地形图测绘。

13. 不同比例尺地物地貌的取舍是不同的，请查找资料写出大比例尺地形图地物地貌是如何取舍的。

地形图应用

- 了解城市用地的地形分析
- 掌握地形图应用的基本内容
- 掌握工程中的地形图应用

能力目标

- 能利用地形图确定点的坐标、高程，确定直线长度、坡度和坐标方位角
- 能完成断面图绘制，已知坡度线路的选择，能完成汇水面积确定等工作
- 能完成建设工程中场地平整中土石方量的计算工作

引　子

　　地形图包含哪些基本应用，通过地形图可以获得哪些信息，如何利用地形图解决实际建设工程中遇到的问题，是本单元要解决的问题。

6.1 地形图基本应用

　　地形图的应用内容包括：在地形图上，确定点的坐标；求直线的属性和两直线的夹角；确定点的高程和两点间的高差；勾绘出集水线（山谷线）和分水线（山脊线），标志出洪水线和淹没线；计算指定范围的面积和体积，由此确定地块面积、土石方量、蓄水量、矿产量等；了解各种地物、地类、地貌等的分布情况，计算诸如村庄、树林、农田等数据，获得房屋的数量、质量、层次等资料；截取断面，绘制断面图。利用地形图作底图，可以编绘出一系列专题地图，如地质图、水文图、农田水利规划图、土地利用规划图、建筑物总平面图、城市交通图和地籍图等。

6.1.1 求点的坐标

　　点的平面坐标可根据地形图上格网坐标的坐标值确定。

　　如图 6-1 所示，欲求图上 A 点的坐标，首先找出 A 点所处的小方格，并用直线连成小正方形 abcd，过 A 点作格网线的平行线，交格网边于 g、e 点，再量取 ag 和 ae 的图上长度，即可获得 A 点的坐标为

$$\begin{cases} x_A = x_a + ag \times M \\ y_A = y_a + ae \times M \end{cases} \tag{6-1}$$

式中 M——地形图比例尺分母。

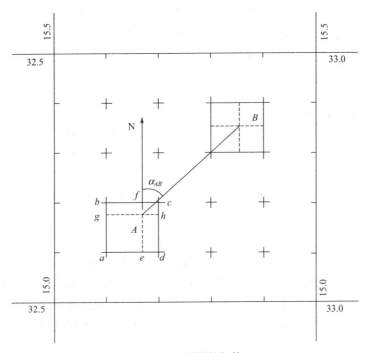

图 6-1   地形图的解算

为了提高坐标量算的精度，必须考虑图纸伸缩的影响，可按下式计算 A 点的坐标：

$$x_A = x_a + \frac{10}{ab} ag \times M$$

$$y_A = y_a + \frac{10}{ad} ae \times M \tag{6-2}$$

式中 ab，ad，ag，ae——图上量取的长度，mm，量至 0.1mm；
　　　　 M——地形图比例尺分母。

图解法求得的坐标精度受图解精度的限制，一般认为，图解精度为图上 0.1mm，则图解坐标精度不会高于 0.1M。

6.1.2   确定两点间的水平距离

如图 6-1 所示，欲确定 A、B 两点间的距离，可用以下两种方法。

（1）图解法   用直尺直接量取 A、B 两点间的图上长度 d_{AB}，再根据比例尺计算两点间的距离 D_{AB}，即

$$D_{AB} = d_{AB} \times M \tag{6-3}$$

也可以直接用卡规在图上卡出线段长度，再与图示比例尺比量，得出图上两点间的水平距离。

（2）解析法   利用图上两点的坐标计算出两点间的距离。这种方法能消除图纸变形的影响，提高距离精度。

$$D_{AB} = \sqrt{(x_B - x_A)^2 + (y_B - y_A)^2} \tag{6-4}$$

一般来说，若图解坐标的求得考虑了图纸伸缩变形的影响，则解析法求距离的精度高于图解法。但是，如果地形图上有图示比例尺，用图解法既方便、直接，又可保证精度。

6.1.3　求直线的方位角

如图 6-1 所示，欲确定直线 AB 的坐标方位角，可用以下两种方法。

(1) 图解法　过 A、B 两点分别作坐标纵轴的平行线，然后用测量专用量角器量出 α_{AB}，取其平均值作为最后结果，即

$$\bar{\alpha}_{AB}=\frac{1}{2}\left[\alpha_{AB}+(\alpha_{AB}\pm180°)\right] \tag{6-5}$$

此法受量角器最小分划的限制，精度不高。当精度要求较高时，可用解析法。

(2) 解析法　先求出 A、B 两点的坐标，然后按下式计算直线 AB 的方位角 α_{AB} 为

$$\alpha_{AB}=\arctan\frac{y_B-y_A}{x_B-x_A} \tag{6-6}$$

由于坐标量算的精度比角度量测的精度高，因此，解析法所获得的方位角比图解法的可靠精度高。

6.1.4　确定点的高程

如果所求点恰好处在等高线上，则此点的高程即为该等高线的高程。如图 6-2 所示，A 点的高程为 26m。若所求点不在等高线上，则应根据比例内插法确定该点的高程。在图 6-2 中，欲求 B 点的高程，首先过 B 点作相邻两条等高线的近似公垂线，与等高线相交于 M、N 两点，然后在图上量取 MN 和 MB 的长度，按下式计算 B 点的高程：

$$H_B=H_M+\frac{MB}{MN}h \tag{6-7}$$

式中　　h——等高距，m；

$\quad\quad H_M$——M 点的高程；

MN，MB——图上量取的长度。

当精度要求不高时，也可用目估内插法确定待求点的高程。

6.1.5　求两点间的坡度

在图 6-2 中，若求 A、B 两点间的坡度，先用式(6-7)求出两点的高程，则直线 AB 的平均坡度为

$$i=\frac{h}{D}=\frac{H_B-H_A}{dM} \tag{6-8}$$

式中　　h——A、B 两点间的高差；

$\quad\quad D$——A、B 两点间的水平距离。

坡度 i 通常用百分数（%）或千分数（‰）表示。如果直线两端位于相邻两条等高线上，则所求的坡度与实地坡度相符。如果直线跨越多条等高线，且相邻等高线之间的平距不等时，则所求的坡度是两点间的平均坡度，与实地坡度不完全一致。

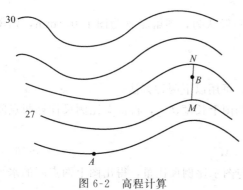

图 6-2　高程计算

6.1.6　计算面积

(1) 透明方格纸法（图 6-3）　要计算曲线内的面积，先将毫米透明方格纸覆盖在图形

上，数出图形内完整的方格数 n_1 和不完整的方格数 n_2，则面积可按下式计算：

$$A = \left(n_1 + \frac{1}{2}n_2\right)\frac{M^2}{10^6} \tag{6-9}$$

（2）平行线法（图 6-4） 将绘有等距平行线的透明纸覆盖在图形上，使两条平行线与图形边缘相切，则相邻两平行线间截割的图形面积可近似视为梯形。梯形的高为平行线间距 h，l_i 为图形截割各平行线的长度，则各梯形面积分别为

$$A_1 = \frac{1}{2}h(0 + l_1)$$

$$A_2 = \frac{1}{2}h(l_1 + l_2)$$

$$\cdots$$

$$A_{n+1} = \frac{1}{2}h(l_n + 0)$$

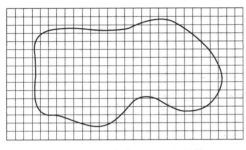

图 6-3　透明方格纸法面积量算

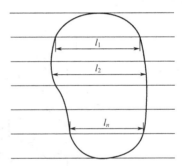

图 6-4　平行线法面积量算

总面积为

$$A = A_1 + A_2 + \cdots + A_n + A_{n+1} = h\sum_{i=1}^{n}l_i \tag{6-10}$$

（3）解析法　如果图形为任意多边形，且各顶点的坐标已在图上量出或已在实地测定，可利用各点坐标以解析法计算面积。首先将各点按顺时针编号，如图 6-5 所示；然后计算梯形 $1'155'$、$5'544'$、$3'344'$、$2'233'$、$1'122'$ 的面积。将前两个梯形面积的和减去后面三个梯形面积的和，即可得到多边形 12345 的面积。

整理后得

$$A = \frac{1}{2}\left[x_1(y_2 - y_5) + x_2(y_3 - y_1) + x_3(y_4 - y_2) + x_4(y_5 - y_3) + x_5(y_1 - y_4)\right]$$

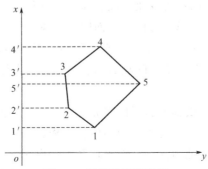

图 6-5　解析法面积量算

若图形有 n 个顶点，则一般公式为

$$A = \frac{1}{2} \sum_{i=1}^{n} x_i (y_{i+1} - y_{i-1}) \qquad (6\text{-}11)$$

上式中是将各顶点投影于 x 轴算得的，若将各顶点投影于 y 轴，则一般公式为

$$A = \frac{1}{2} \sum_{i=1}^{n} y_i (x_{i-1} - x_{x+1}) \qquad (6\text{-}12)$$

（4）求积仪法　求积仪是一种专门供图上量算面积的仪器，其优点是操作简便、速度快、适用于任意曲线图形的面积量算，且能保证一定的精度。

求积仪有机械和电子求积仪两种。机械求积仪是根据机械传动原理设计的，主要依靠游标读数获取图形面积。随着电子技术的迅速发展，在机械求积仪的基础上增加了脉冲计数设备和微处理器，从而形成了电子求积仪，它具有精度高、效率高、直观性强等特点，越来越受人们的青睐，已逐步取代了机械求积仪。图 6-6 所示是日本索佳公司生产的 KP-90N 型电子求积仪的构造。

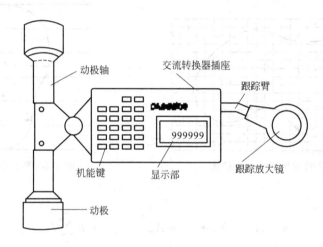

图 6-6　电子求积仪构造

6.2　地形图工程应用

6.2.1　绘制地形断面图

在道路、管线等线路工程设计中，为了合理地确定线路的纵坡，以及进行填、挖土方量的概算，都需要了解沿线方向的坡度变化情况。为此，可利用地形图按设计线路绘制出纵断面图。如图 6-7 所示，若要绘制 AB 方向的断面图，具体步骤如下。

① 在图纸上绘制一直角坐标，横轴表示水平距离，纵轴表示高程。水平距离的比例尺与地形图的比例尺一致。为了明显地反映地面的起伏情况，高程比例尺一般为水平距离比例尺的 10～20 倍。

② 在纵轴上标注高程，在横轴上适当位置标出 A 点。将直线 AB 与各等高线的交点 A，1，2，…，10，B 点，按其与 A 点之间的距离转绘在横轴上。

③ 根据横轴上各点相应的地面高程，在坐标系中标出相应的点位。

④ 把相邻的点用光滑的曲线连接起来，得到地面直线 AB 的断面图，如图 6-7 所示。

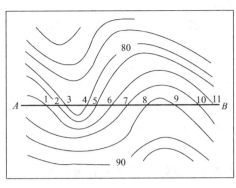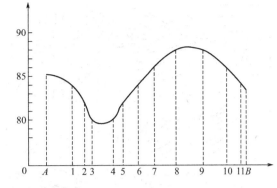

图 6-7　纵断面图绘制

6.2.2　按坡度选线

在山区或丘陵地区进行管线或道路工程设计时，均有指定的坡度要求。在地形图上选线时，先按规定坡度找出一条最短路线，然后综合考虑其他因素，获得最佳设计路线。

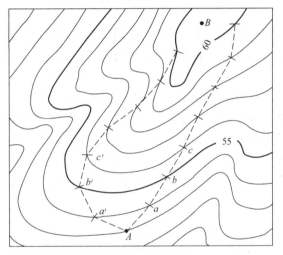

如图 6-8 所示，从 A 点到 B 点选择一条公路线，要求其坡度不大于 i（限制坡度）。设计用的地形图比例尺为 $1/M$，等高距为 h。则路线通过相邻等高线的最小等高平距为

$$d = \frac{h}{iM} \qquad (6\text{-}13)$$

例如，地形图比例尺为 1∶1000，限制坡度为 3.3％，等高距为 2m，则路线通过相邻等高线的最小等高平距 $d=30$mm。选线时，在图上用分规以 A 点为圆心，脚

图 6-8　最短路线的选择

尖设置成 30mm 为半径，作弧与上一根等高线交于 a，a' 点；再分别以 a，a' 点为圆心，仍以 30mm 为半径作弧，交另一根等高线于 b，b' 点。依此类推，直至 B 点为止。将各点连接即得限制坡度的最短路线 $A\text{-}a\text{-}b\text{-}\cdots\text{-}B$。还有一条路线，即 $A\text{-}a'\text{-}b'\text{-}\cdots\text{-}B$。

由此可选出多条路线。在比较方案进行决策时，主要根据线形、地质条件、占用耕地、拆迁量、施工方便、工程费用等因素综合考虑，最终确定路线的最佳方案。

如遇到等高线之间的平距大于计算值时，以 d 为半径的圆弧不会与等高线相交。这说明地面实际坡度小于限制坡度，在这种情况下，路线可按最短距离绘出。

6.2.3　确定汇水范围

当在山谷或河流修筑桥梁、涵洞或大坝时，都需要明确在此汇集的雨水的面积，这个面积称为汇水面积。由于雨水沿山脊线（分水线）向两侧山坡分流，所以汇水面积的边界线是由一系列的山脊线连接而成的。如图 6-9 所示，公路 BA 通过山谷，在 P 处要修建一涵洞，为了确定孔径的大小，需要确定该处汇水面积，即由图中分水线 BC、CD、DE、EF、FG、GH、HI、IA 与 AB 线段所围成的面积。可用格网法、平行线法或求积仪测定该面

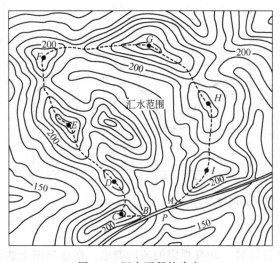

图 6-9 汇水面积的确定

积的大小。

确定汇水面积的边界线时，应注意以下两点。

① 边界线（除公路 AB 段外）应与山脊线一致，且与等高级垂直。

② 边界线是经过一系列的山脊线、山头和鞍部的曲线，并在河谷的指定断面（公路或水坝的中心线）闭合。

6.2.4 场地平整时土方量计算

在土木工程中，往往要进行建筑场地的平整。利用地形图可以估算土石方工程量，选择既合理又经济的最佳方案。下面介绍建筑场地整理成平面时常用的几种方法。

（1）断面法 断面法适用于带状地形的土方量计算。在施工场地范围内，以一定的间隔绘出断面图，求出各断面图由设计高程线围成的填、挖方面积，然后计算相邻断面间的土方量，最后求和得到总挖方量和填方量。

如图 6-10 所示，地形图比例尺为 1：1000，等高距为 1m，在矩形范围内欲修建一段道路，其设计高程为 47m，现求土方量。先在地形图上绘出互相平行、间隔为 l_0（一般桩距）的断面方向线 1-1、2-2、…、6-6；按一定比例尺绘出各断面图，并将设计等高线绘制在断面图上（1-1、2-2 断面），如图 6-10 所示。然后在断面图上分别求出各断面设计高程线与断面图所包围的填土面积 A_{Ti} 和挖土面积 A_{Wi}（i 表示断面编号），最后计算两断面间土方量。

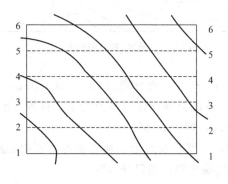

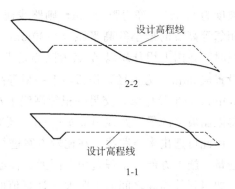

图 6-10 断面法计算土方量

例如，1-1 和 2-2 两断面间的土方为

$$\begin{cases} 填方：V_{\mathrm{T}} = \dfrac{1}{2}(A_{\mathrm{T1}} + A_{\mathrm{T2}})l \\ 挖方：V_{\mathrm{W}} = \dfrac{1}{2}(A_{\mathrm{W1}} + A_{\mathrm{W2}})l \end{cases} \tag{6-14}$$

同理依次计算出每相邻断面间的土方量，最后将填方量和挖方量分别累加，即得到总土

方量。

（2）等高线法　当场地地面起伏较大，且仅计算土方量时，可采用等高线法。这种方法是从场地设计的等高线开始，算出各等高线所包围的面积，分别将相邻两条等高线所围面积的平均值与等高距相乘，就是此两等高线平面间的土方量，再求和即得总挖方量。

如图 6-11 所示，地形图等高距为 1m，平整场地的设计高程为 74.5m，首先在图中内插设计高程 74.5m 等高线，然后分别求出 74.5m、75m、76m、77m 四条等高线所围成的面积 $A_{74.5}$、A_{75}、A_{76}、A_{77}，即可算出每层土方量为

$$\begin{cases} V_1 = \dfrac{1}{2}(A_{74.5} + A_{75}) \times 0.5 \\ V_2 = \dfrac{1}{2}(A_{75} + A_{76}) \times 1 \\ V_3 = \dfrac{1}{2}(A_{76} + A_{77}) \times 1 \\ V_4 = \dfrac{1}{3}A_{77} \times 0.6 \end{cases} \qquad (6\text{-}15)$$

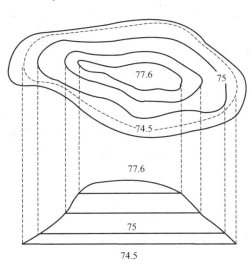

图 6-11　等高线法计算土方量

总挖方为

$$\sum V_W = V_1 + V_2 + V_3 + V_4 \qquad (6\text{-}16)$$

（3）方格网法　大面积的土方量计算常用方格网法。

图 6-12 中待平整场地的比例尺为 1∶1000，等高距为 1m，要求在划定的范围内将其平整为某一设计高程的平地，以满足填、挖平衡的要求。计算土方量的步骤如下。

① 绘方格网并求方格角点高程　在拟平整的范围打上方格，方格大小可根据地形复杂程度、比例尺的大小和土方估算精度要求而定，边长一般为 10m 或 20m，然后根据等高线内插方格角点的地面高程，并注记在方格角点右上方。本例是取边长为 10m 的格网。

② 计算设计高程　把每个方格 4 个顶点的高程加起来除以 4，得到每个方格的平均高

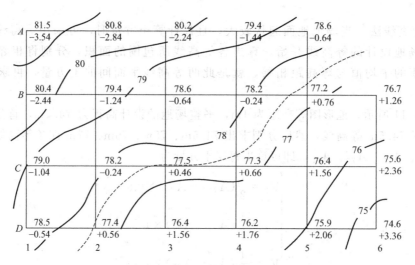

	81.5	80.8	80.2	79.4	78.6	
A	−3.54	−2.84	−2.24	−1.44	−0.64	
B	80.4	79.4	78.6	78.2	77.2	76.7
	−2.44	−1.24	−0.64	−0.24	+0.76	+1.26
C	79.0	78.2	77.5	77.3	76.4	75.6
	−1.04	−0.24	+0.46	+0.66	+1.56	+2.36
D	78.5	77.4	76.4	76.2	75.9	74.6
	−0.54	+0.56	+1.56	+1.76	+2.06	+3.36
	1	2	3	4	5	6

图 6-12 方格网法计算土方量

程。再把每个方格的平均高程加起来除以方格数，即得到设计高程：

$$H_{设} = \frac{H_1 + H_2 + \cdots + H_n}{n} = \frac{1}{n} \sum_{i=1}^{n} H_i \tag{6-17}$$

式中 H_i——每个方格的平均高程；

n——方格总数。

为了计算方便，从设计高程的计算中可以分析出角点 (A，1)、(A，5)、(B，6)、(D，1)、(D，6) 的高程在计算中只用过一次，边点 (A，2)、(A，3)、(C，1) ……的高程在计算中使用过两次，拐点 (B，5) 的高程在计算中使用过三次，中点 (B，2)、(B，3)、(C，2)、(C，3) ……的高程在计算中使用过四次，这样设计高程的计算公式可以写成：

$$H_{设} = \frac{\sum H_{角} \times 1 + \sum H_{边} \times 2 + \sum H_{拐} \times 3 + \sum H_{中} \times 4}{4n} = 77.96 \, (m)$$

用上式计算出的设计高程为 77.96m，在图 6-12 中用虚线描出 77.96m 的等高线，称为填挖分界线或零线。

③ 计算方格顶点的填、挖高度 根据设计高程和方格顶点的地面高程，计算各方格顶点的挖、填高度：

$$h = H_{设} - H_{地} \tag{6-18}$$

式中 h——填、挖高度（施工厚度），负数为挖，正数为填；

$H_{地}$——地面高程；

$H_{设}$——设计高程。

④ 计算填、挖方量 一般在表格中进行，可以使用 Excel 计算图 6-12 中的填、挖方量。如图 6-13 所示，A 列为各方格顶点点号；B、C 列为各方格顶点的填挖高度；D 列为方格顶点的性质；E 列为顶点所代表的面积；F 列为挖方量，其中 F3 单元的计算公式为"＝B3 ∗ E3"，其他单元计算依此类推；G 为填方量，其中 G3 单元的计算公式为"＝C3 ∗ E3"，其他单元计算依此类推；总挖方量（F26 单元）和总填方量（G26 单元）计算公式分别为"＝SUM(F3：F25)"和"＝SUM(G3：G25)"。

$$\begin{cases} \text{角点填、挖方量}=\text{填、挖方高度}\times\dfrac{1}{4}\text{方格面积} \\[2mm] \text{边点填、挖方量}=\text{填、挖方高度}\times\dfrac{2}{4}\text{方格面积} \\[2mm] \text{拐点填、挖方量}=\text{填、挖方高度}\times\dfrac{3}{4}\text{方格面积} \\[2mm] \text{中点填、挖方量}=\text{填、挖方高度}\times\text{方格面积} \end{cases} \qquad (6\text{-}19)$$

Microsoft Excel - 土石方计算.xls

文件(F) 编辑(E) 视图(V) 插入(I) 格式(O) 工具(T) 数据(D) 窗口(W) 帮助(H)

A1 ＝ 填、挖土石方量计算表

点号	挖深（m）	填高（m）	点的性质	代表面积（m²）	挖方量（m³）	填方量（m³）
				填、挖土石方量计算表		
A1	3.54		角	100	354	0
A2	2.84		边	200	568	0
A3	2.24		边	200	448	0
A4	1.44		边	200	288	0
A5	0.64		角	100	64	0
B1	2.44		边	200	488	0
B2	1.24		中	400	496	0
B3	0.64		中	400	256	0
B4	0.24		中	400	96	0
B5		-0.76	拐	300	0	-228
B6		-1.26	角	100	0	-126
C1	1.04		边	200	208	0
C2	0.24		中	400	96	
C3		-0.46	中	400		-184
C4		-0.66	中	400	0	-264
C5		-1.56	中	400	0	-624
C6		-2.36	边	200	0	-472
D1	0.54		角	100	54	0
D2		-0.56	边	200	0	-112
D3		-1.56	边	200	0	-312
D4		-1.76	边	200	0	-352
D5		-2.06	边	200	0	-412
D6		-3.36	角	100	0	-336
求和				5600	3416	-3422

图 6-13 使用 Excel 计算土方量

由本例列表计算可知，挖方总量为 3416m³，填方总量为 3422m³，两者基本相等，满足填挖平衡的要求。

6.3 数字地形图应用

在数字地形图普遍使用的今天，地形图的应用也简单了很多，例如在 CAD 界面里利用"list"命令可以得到直线的长度、方位角、点的坐标、图形的面积。可以用"di"、"area"等命令求水平距离和面积。借助于 AutoCAD 界面求点的高程、直线的坡度，绘制断面图、计算方量都容易了很多。

6.3.1 利用地形图确定直线的属性

① 设置单位 键入"units"，将长度单位设置成米，角度单位设置成度分秒。方向设置成北，角度设置成顺时针方向。

② 在 AutoCAD 界面，键入"list"命令。

③ 选中直线，回车或空格则显示与直线相关的信息，包括起点与终点的坐标、直线的

113

长度、直线的方位角等。

如果仅求直线长度，直接键入"dist"（简 di），回车或空格，选择欲量测的两点可以得到两点的长度。

6.3.2 利用地形图确定图形的属性

在 AutoCAD 界面键入"pedit"（简 pe），回车或空格，将图形进行融合，然后键入"list"可显示周长、面积以及各个点位的信息。

如果仅求面积，可以利用"area"（简 aa）命令，逐点选中图形各点即可求图形的面积。

小结：本单元主要介绍了纸质地形图的基本应用和工程应用。简要介绍了如何利用数字地形图确定直线的属性和图形的属性。

能力训练 地形图应用能力评价

（1）能力目标 能正确识读地形图，利用地形图完成坐标、高程、长度、面积、体积（如方量）等基本计算工作。

（2）考核项目（工作任务） 根据已有地形图，以个人为单位完成一指定范围的场地平整计算，包括设计高程，填、挖深度和工程量计算。

（3）考核环境 场地和仪器工具准备：地形图一张，计算器、三角板、铅笔等工具。

（4）考核时间 每组必须在 1h 内完成。

（5）评价方法 以个人为单位进行考核。计算过程完整，数据清晰正确，检核满足要求，根据所用时间、熟练程度等综合评定成绩。

（6）评价标准及评价记录表 见表 6-1。

表 6-1 地形图应用能力评价考核记录

班级：_____ 组别：第_____组 考核教师：_____

观测员（考核人）：_____ 配合操作员：_____

控制点：_____ 日期：_____ 仪器：_____

考核项目	考核指标	配分	评分标准及要求	得分	备注
地形图应用能力	方法正确及步骤合理程度	10	能正确识读地形图,计算过程合理规范,否则按具体情况扣分		
	计算过程完整程度	20	计算过程完整,否则,根据情况扣分		
	数据清晰正确程度	30	计算数据清晰正确,否则按具体情况扣分		
	时间	20	按规定时间内完成,60min 内为满分;超过60min 酌情扣分		
	其他能力:学习、沟通、分析问题解决问题的能力等	10	由考核教师根据学生表现酌情给分		
	仪器、设备使用维护是否合理、安全及其他	10	工作态度端正,仪器使用维护到位,文明作业,无不安全事件发生,否则按具体情况扣分		
考核结果与评价	考评评分合计				
	考评综合等级				
	综合评价:				

思考与练习

1. 地形图的应用一般包括哪些基本内容？

2. 地形图面积量算的方法有几种？各适合哪种情况？

3. 在 AutoCAD 界面，打开数字地形图，确定一直线的属性，并写出过程。

4. 在 AutoCAD 界面，打开数字地形图，选择一较为复杂图形，确定其周长和面积，并写出过程。

5. 图 6-14 所示为 1∶1000 比例尺的地形图，拟将方格内的场地平整为水平场地，图中方格网为 10m×10m，请用方格网法计算土方量。

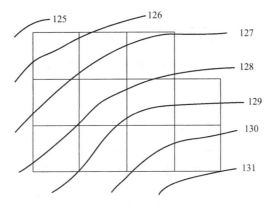

图 6-14 计算土方量习题

6. 现有一多边形地块，在地形图上求得各边界特征点的坐标分别为 A（500.00，500.00），B（375.57，593.32），C（363.00，605.03），D（472.12，673.15），E（514.12，610.18），试计算该地块的占地面积。先利用公式完成，再用 AutoCAD 完成。

建筑施工测量

- 了解建筑工程测量工作流程
- 理解点位测设与高程控制的方法
- 掌握建筑物定位、施工控制网测设、放线、高程控制等建筑工程测量的基本工作

能力目标

- 能正确理解施工图纸和施工测量方案
- 能熟练使用经纬仪、全站仪、垂准仪、钢尺等工具进行施工测量
- 能正确完成建筑物定位、施工控制网测设、放线与高程测设

引 子

工程测量在一幢建筑的整个施工阶段起什么作用，有哪些具体工作要做，这些工作各有什么特点，应注意些什么问题，这是本单元要解决的问题。

7.1 施工控制测量

建筑工程测量的任务是根据设计图纸要求、按一定精度将设计建筑物或构筑物的平面位置和高程在现场测设出来，作为施工的依据。而控制测量在整个工程施工测量中起架构作用，贯穿整个施工测量的始终，是竣工测量和变形观测的基础。

施工测量前应先收集有关的设计和测量资料，熟悉施工设计图纸，明确施工要求，制定施工测量方案。

施工控制测量是施工测量的关键一步，是整个施工测量的基础。大中型施工项目，应先建立场区施工控制网，再建立建筑物施工控制网；小规模或精度要求高的独立施工项目，可直接布设建筑物施工控制网。

施工控制网与地形图测绘时的控制网不同，地形图测绘时主要考虑地形条件，为测图服务。而施工控制网，主要考虑建筑物的总体布置，控制点的分布和密度应满足施工放样的要求，精度也由工程建设的性质决定，一般高于测图控制网。

施工控制网分为平面控制网和高程控制网两种。前者可采用导线或导线网、建筑基线或建筑方格网、三角网或GPS网等形式，后者则采用水准网。

控制点位置的选择很重要，要有足够的控制点能够长期保存，又要便于施工测量。

7.1.1　平面控制测量

平面控制网的形式应根据建筑总平面图，建筑场地的大小、地形，施工方案等因素进行综合考虑。对于地面起伏较大的地区，可采用 GPS 静态定位的方式建立控制网；对于地形平坦而通视比较困难的地区，如扩建或改建的施工场地，可采用导线测量的方式；对于地面平整而简单的小型建筑场地，常采用建筑基线作为施工放样的依据；对于地势平坦，建筑物众多且分布比较规则的建筑场地，可采用建筑方格网。GPS 静态定位应执行 E 级网的技术指标与操作要求，可根据具体的施工精度提高诸如卫星高度角、有效卫星数、采样间隔、PDOP 和观测时间长度等技术要求，以保证施工控制网的精度。导线网可采用一级作为基本网，二级作为施工测设控制网。导线测量的主要技术指标见表 7-1。

表 7-1　导线测量的主要技术指标

等级	导线长度/km	平均边长/km	测角中误差/(")	测距中误差/mm	测距相对中误差	测回数			方位角闭合差/(")	导线全长相对闭合差
						1"级仪器	2"级仪器	6"级仪器		
四等	9	1.5	2.5	18	1/80000	4	6		$5\sqrt{n}$	≤1/35000
一级	2.0	0.1～0.3	5	15	1/30000		3		$10\sqrt{n}$	≤1/15000
二级	1.0	0.1～0.2	8	15	1/14000		2	4	$16\sqrt{n}$	≤1/10000

7.1.2　高程控制测量

高程控制网通常分两级布设，首级控制网可采用三、四等水准测量，所测水准点作为基本点。次级控制网可采用普通水准测量，所测水准点作为施工水准点。基本水准点可用来检测其他水准点高程是否有变动，对同一建筑工地而言应不少于 3 个，其位置应设在不受施工影响、无振动、无沉降、便于施测、能长期保存的地方，并埋设永久标志。施工水准点用来直接测设建筑物高程，应尽量靠近建筑物，施工水准点可在基本点的基础上布设成附合或闭合线路施测。

7.2　施工放样的基本工作

施工放样就是将图纸上设计好的建筑物的平面位置和高程在实地测设出来。通过水平距离测设、水平角测设、已知高程投测与已知坡度测设、点位测设等工作实现。

7.2.1　水平角测设

水平角测设与水平角测量不同，后者是现场有确定的点，角度未知，需要将角度测出来；前者则是将设计好的角值在现场标定出来，通常有一个确定的顶点和一个明确的方向，根据设计的（即已知）角值定出另外一个方向。

当角度测设精度要求不高时，可用盘左、盘右取平均的方法获得欲测设的角度。如图 7-1(a) 所示，A 点为顶点，AB 为已知方向，β 角已知，欲标定 AC 方向。安置经纬仪于 A 点，对中整平，先盘左照准 B 点，将水平度盘置零，转动照准部使水平度盘读数为 β 值，在视线上定出 C' 点。然后盘右照准 B 点，重复上述步骤，在视线上定出 C'' 点。取 C'、C'' 的中点 C，则 $\angle BAC$ 就是要测设的 β 角。

当角度测设精度要求较高时，利用测回法测定上述 $\angle BAC$，测得角值 β'，计算

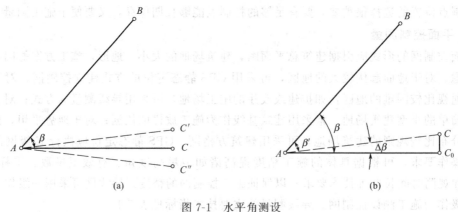

图 7-1　水平角测设

$\Delta\beta = \beta - \beta'$，$\Delta\beta$ 以秒为单位。如果 A、C 两点距离为 D_{AC}，可计算图 7-1(b) 中 CC_0：

$$CC_0 = AC\tan\Delta\beta \approx AC\frac{\Delta\beta}{\rho''} \tag{7-1}$$

式中　ρ''——常数，取 $206265''$。

从 C 点沿与 AC 垂直方向量取 CC_0，$\angle BAC_0$ 即为欲测设的 β 角。当 $\Delta\beta>0$ 时，C 点沿与 AC 垂直方向向外调整距离 CC_0 至 C_0 点，当 $\Delta\beta<0$ 时，C 点沿与 AC 垂直方向向里调整距离 CC_0 至 C_0 点。调整完成后，再测 $\angle BAC$，直至 $\Delta\beta$ 小于限差为止。

测设角 β 时，一定要明确 A、B、C 三点的相对位置，避免方向性错误。

7.2.2　水平距离测设

水平距离测量是两点已存在，需量出两点间的水平距离，水平距离测设则是从一个固定点开始，沿确定方向量出给定（已知）的水平距离并确定另一个点。

当距离较长或场地不够平整时，多采用全站仪进行水平距离测设。如图 7-2 所示，将全站仪安置在 A 点，测量气温气压进行气象改正，然后指挥反射棱镜在已知方向上移动，不停进行距离测量，当显示的水平距离为要测设的值时，在棱镜点做标志。随后测量这两点间的距离并调整标志位置直至与测设距离的差值满足要求为止。

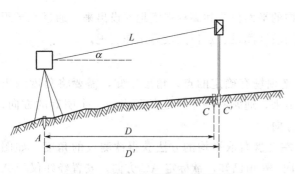

图 7-2　利用全站仪测设水平距离

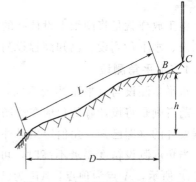

图 7-3　利用钢尺测设水平距离

利用钢尺进行距离测设时，分两种情况。若精度要求不高，可从起点开始沿给定的方向，用钢尺量距定出水平距离的终点。之后将钢尺变换位置，如移动 20cm，再测设一次。若两次之差在允许范围内，取平均值作为终点的最后位置。

如图 7-3 所示，当测设精度要求较高时，用经纬仪定线，应用检定过的钢尺根据给定的水平距离 D，经过尺长改正、温度改正和倾斜改正后，计算出地面上应测设的距离 L。然后根据计算结果，用钢尺进行测设。

$$L = D - (\Delta L_d + \Delta L_t + \Delta L_h) \tag{7-2}$$

$$\Delta L_d = D\frac{\Delta l}{l_0} \qquad \Delta L_t = \alpha(t - t_0)D \qquad \Delta L_h = -\frac{h^2}{2D} \tag{7-3}$$

式中 l_0——钢尺的名义长度；

Δl——尺长改正；

α——钢尺膨胀系数；

t——钢尺量距时的温度；

t_0——标准温度，一般为 20℃；

h——两点高差。

l_0、Δl、α 可以由尺长方程得到，h 用水准测量得到。

7.2.3 设计高程测设

根据附近水准点，将设计高程测设到现场作业面上，称为已知高程测设。在建筑设计与施工中，为了计算方便，一般将建筑物的一楼室内地坪用 ±0.00 表示，基础、门窗等的标高都以 ±0.00 为依据确定。

假设从设计图纸上查得 ±0.00 高程为 H_0，而附近水准点 A 点高程为 H_A，现欲将 H_0 测设到木桩 B 上。如图 7-4 所示，首先在距 A、B 两点等距离处安置水准仪，在 A 点立

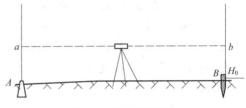

图 7-4 设计高程测设

尺，读数为 a，则水准仪视线高 $H_i = H_A + a$。根据视线高和 ±0.00 高程 H_0 计算 B 尺读数：

$$b = H_i - H_0 \tag{7-4}$$

然后将水准尺靠紧木桩 B 上下移动，当尺上读数为 b 时，沿尺底在木桩上画线，此线就是要测设的高程。

当向较深的基坑或较高的建筑物上测设已知高程时，水准尺长度不够，可利用钢尺向下或向上引测。

如图 7-5 所示，要在基坑 B 点测设高程 $H_设$，地面上有一水准点 A，其高程为 H_A。测设时在基坑一边架设吊杆，杆上吊一根零点向下的钢尺，尺的下端挂上重锤且放入水中。在地面和坑底各安置一台水准仪，地面水准仪在 A 点标尺上读数为 a_1，在钢尺上读数为 b_1。

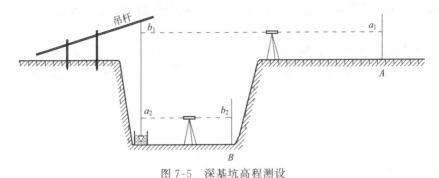

图 7-5 深基坑高程测设

坑底水准仪在钢尺上读数为 a_2。B 点读数应为

$$b_2=(H_A+a_1)-(b_1-a_2)-H_设 \qquad (7-5)$$

在 B 点处上下移动标尺，直至标尺上读数为 b_2，在尺底画线，测设 $H_设$。同样方法可以由低处向高处测设已知高程。

7.2.4 设计坡度直线的测设

工程测量中，常用坡度测设控制坡度。坡度测设实际就是连续测设一系列的坡度桩使之构成设计坡度。

如图 7-6 所示，A 点高程已测设出来，为已知值 H_A，A、B 两点间的距离为 D，现要从 A 点沿 AB 方向测设出坡度为 i 的直线。

测设时，先计算 B 点高程：

$$H_B=H_A+iD \qquad (7-6)$$

然后测设 B 点高程。此时 AB 直线的坡度即为 i，之后在 A 点安置水准仪，使一个脚螺旋在 AB 方向线

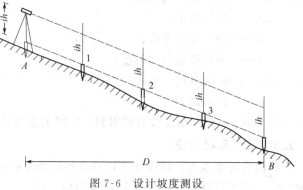

图 7-6 设计坡度测设

上，另两个脚螺旋连线大致与 AB 垂直，量取仪器高为 ih，用望远镜照准 B 点水准标尺，转动 AB 方向线上的脚螺旋，使 B 点水准标尺的读数为 ih，这时仪器的视线即为平行于设计坡度的直线。最后沿视线方向分别测设 1、2、3 点，使三点标尺读数为 ih。这样各桩顶的连线就是一条坡度为 i 的直线。若设计坡度较大时，可先用水准仪测设 A、B 两点，再使用经纬仪来完成 1、2、3 点的测设。

7.2.5 点的平面位置测设

点的平面位置测设的方法有直角坐标法、极坐标法、角度交会法、距离交会法，可根据点位分布、地形及现场条件进行选择。

(1) 直角坐标法 直角坐标法适用于场地平坦，建筑物矩形布置，且场地采用建筑基线或建筑方格网作为控制网的建筑场地。

如图 7-7 所示，A、B、C 是建筑基线上的点，点 1、2、3、4 是设计图上待测设点，从设计图纸上可以得到图中 a、b、c、d 的值，在 B 点安置经纬仪，照准 C 点，沿视线方向测设距离 b、d，分别得到 M、N 两点。安置经纬仪至 M 点，照准 C 点，逆时针方向测设 90°角，沿视线方向测设距离 a、c，得到 1、2 两点。再将经纬仪安置于 N 点，同样方式测设 3、4 两点。

检查各边边长和对角线，相对误差应达到 $1/2000 \sim 1/5000$，否则需重新测设。

(2) 极坐标法 极坐标法适用于导线网或 GPS 网为控制网的建筑场地。

1) 经纬仪配钢尺进行点位测设步骤如下。

① 进行测设数据计算 如图 7-8 所示，B、C 为控制点，其坐标为 $B(x_B, y_B)$、$C(x_C, y_C)$，1、2、3、4 为待测设点，坐标分别为 $1(x_1, y_1)$、$2(x_2, y_2)$……则 α_{BC}、α_{B2} 计算如下：

$$\alpha_{BC}=\arctan \frac{y_C-y_B}{x_C-x_B}$$

$$\alpha_{B2}=\arctan \frac{y_2-y_B}{x_2-x_B}$$

$B2$ 与 BC 夹角为

$$\beta = \alpha_{BC} - \alpha_{B2}$$

B、2 两点之间的距离为

$$D_{B2} = \sqrt{(x_2 - x_B)^2 + (y_2 - y_B)^2}$$

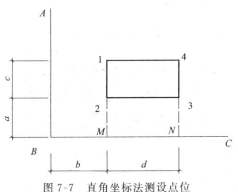

图 7-7　直角坐标法测设点位　　　　图 7-8　极坐标法测设点位

② 点位测设　有了上述数据，可进行点位测设。安置经纬仪于 B 点，照准 C 点，然后按逆时针方向测设 β 角，标定 B2 方向，沿 B2 方向自 B 点测设水平距离 D_{B2}，定出点 2 位置。同样方法定出 1、3、4 点。

③ 检核　点位测设完成后，一定要进行检查。可以测量各边边长、对角线和角度，以保证点位测设无误。

2）用全站仪进行点位测设（图 7-9）步骤如下。

① 安置仪器。将全站仪安置在 B 点，对中整平。

② 选择"放样"菜单。

③ 测站设置。输入测站点坐标和高程进行测站设置。

④ 定向。采用坐标定向，输入定向点的坐标。照准 C 点，进行测站定向。此时全站仪会自动计算 α_{BC} 并将水平度盘配成 α_{BC}。则全站仪照准某一方向，就显示该方向的方位角。

⑤ 输入放样点坐标。如 2 号点坐标，全站仪会计算 α_{B2} 和 D_{B2}。

⑥ 转动照准部，全站仪会实时显示该方向与 α_{B2} 的差值。当差值为 0 时，全站仪照准的方向就是 B2 的方向。

⑦ 指挥扶棱镜人员左右移动，当棱镜中心与十字丝重合时，按"测距"键，全站仪测量仪器至棱镜的距离并计算与 D_{B2} 的差值，显示出来。根据此差值指挥扶棱镜人员前后调整，当显示的距离差值为 0 时，棱镜所在位置即是 2 点位置。

⑧ 重复上述步骤④～步骤⑥，测设 1、3、4 点。

⑨ 进行边长和角度检核，以保证点位测设精度。

（3）角度交会法　角度交会法用于待测点位离控制点较远或不便于量距的情况，在两个或多个控制点上安置经纬仪通过已知角度交会出待测点位。

如图 7-10 所示，A、B、C 为平面控制点，坐标已知。P 点为欲测设点，坐标为（x_P，y_P）。用角度交会法测设点位的步骤如下。

① 根据坐标计算坐标方位角 α_{AB}、α_{AP}、α_{BP}、α_{BC}、α_{CP}。

② 分别在 A、B 两点安置经纬仪，经纬仪安置在 A 点照准 B 点，将水平度盘配成 α_{AB}，转动经纬仪当水平度盘读数为 α_{AP} 时经纬仪视线方向就是 AP 方向，经纬仪安置在 B 点照准 A 点，将水平度盘配成 α_{BA}，转动经纬仪当水平度盘读数为 α_{BP} 时经纬仪视线方向就是 BP

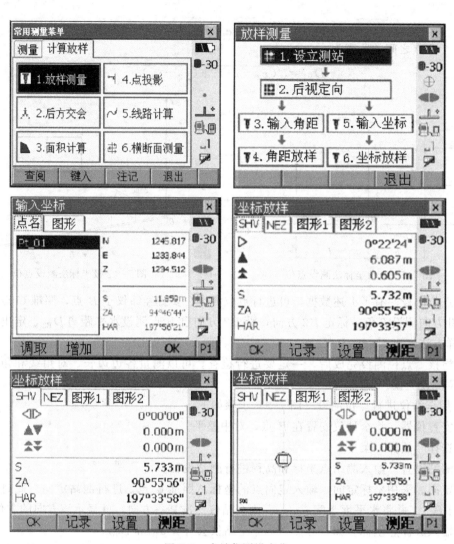

图 7-9　全站仪测设点位

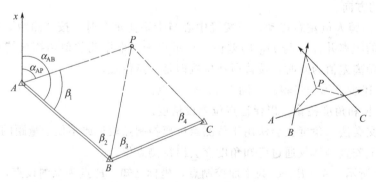

图 7-10　角度交会法测设点位

方向，可用现场绷线的方式交会出 P 点，然后将经纬仪搬至 C 点，同样方式交会 P 点。由于测量误差，会存在示误三角形。三角形最大边长应小于 1cm；否则重新交会。

③ 检核　其方法很多，可通过控制点、交会点之间的相互关系多方检核，现场检核是必不可少的。

（4）距离交会法　距离交会法适用于场地平坦、量距方便，且待测点离控制点较近（一般不超过一尺段）的情况。

图 7-11 中，A、B、C 为控制点，1、2 为待测设点。利用距离交会法测设点位的步骤如下。

① 计算测设距离 D_1、D_2、D_3、D_4。

② 测设时，使用两把钢尺，分别将 0 点对准 A、B 点，将钢尺拉紧、拉平，以 D_1、D_2 为半径画弧，两弧的交点就是 1 点；同样方式交会出 2 点。

③ 检核。测量 1、2 两点之间的距离，与设计长度比较，进行检核。还可以利用其他点位间的关系进行检核。

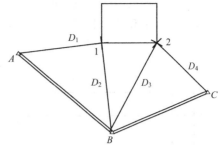

图 7-11　距离交会法测设点位

最常用的是极坐标法，尤其是全站仪的使用，使极坐标测设点位更准确、更方便、更快捷。利用设计单位提供的 dwg 文件，获取放样点的坐标数据，可生成数据文件直接存储在全站仪中，放样时直接调用。

7.3　建筑基线与建筑方格网测设

7.3.1　建筑基线及其测设方法

当施工场地范围不大，总图布置简单时，可在场地布置一条或几条基线，作为施工场地的控制，这种基线就是建筑基线。建筑基线的布设可根据建筑物的分布、场地地形等因素采用一字形、L 形、丁字形、十字形。建筑基线应尽可能靠近拟建的主要建筑物，并与其轴线平行或一致。基线点位应选在通视良好和不易被破坏的地方，且埋设永久性的混凝土桩以便长期保存。为了便于复查建筑基线是否有变动，主轴线上基线点不得少于 3 个。

建筑基线可根据红线桩测设，也可根据控制点测设。红线就是用地界线，由城市规划部门测定，可以作为建筑基线测设的依据。如图 7-12 所示，AB、AC 是建筑红线，从 A 点沿 AB 方向量取距离 d_2 定出 N 点，沿 AC 方向量取距离 d_1 定出 M 点，过 B、C 两点作红线的垂线，沿垂线量取 d_1、d_2 得到 Ⅰ、Ⅲ点，利用 MⅠ、NⅢ交出Ⅱ点，这样就定出了基线点 Ⅰ、Ⅱ、Ⅲ。之后利用经纬仪精确测量∠ⅠⅡⅢ，若与 90°之差超过±20″应按水平角精确测设的方法进行调整。量Ⅰ和Ⅱ、Ⅱ和Ⅲ之间距离是否等于设计长度，不符值不应大于 1/10000；否则对Ⅰ、Ⅲ点进行调整。

根据已有建筑物测设建筑基线与根据建筑红线测设建筑基线相似。

控制点可直接利用城市规划建设或测绘部门建立的城市控制网，也可以利用地形测量时布置的控制点或利用 GPS、导线测量新建的控制点。但精度应与施工控制网的精度要求一致。基线测设时，将全站仪安置在 A 点，如图 7-13 所示，对中整平后进行测站设置，输入测站的坐标高程仪器高，照准 B 点，输入 B 点的坐标高程，然后进行定向，定向后执行放样功能，输入Ⅰ、Ⅱ、Ⅲ点坐标将这三点放出。由于测量误差Ⅰ、Ⅱ、Ⅲ三点可能不在同一直线上，所以须将全站仪搬至Ⅱ点测量角度∠ⅠⅡⅢ，若与 180°之差超过±20″，则应对点位进行调整。如图 7-14 所示调整时将Ⅰ′、Ⅱ′、Ⅲ′点沿与基线垂直方向各移动相等的调整值 δ。δ 按下式计算：

$$\delta = \frac{ab}{a+b}\left(90° - \frac{1}{2}\angle\,Ⅰ'\,Ⅱ'\,Ⅲ'\right)\frac{1}{\rho''} \tag{7-7}$$

式中　ρ''——取 206265″；

　　　　δ——各点的调整值，m；

　a，b——Ⅰ和Ⅱ、Ⅱ和Ⅲ之间的长度，m。

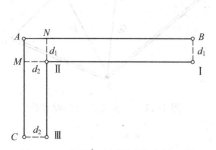

图 7-12　根据红线桩测设建筑基线

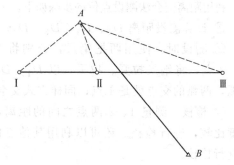

图 7-13　根据控制点测设建筑基线

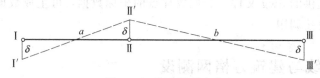

图 7-14　调整基线点位

除了调整角度之外，还应调整Ⅰ、Ⅱ、Ⅲ三点之间的距离，若设计长度与实测距离之差超过 1/10000，则以Ⅱ为准调整Ⅰ、Ⅲ两点。

对于图 7-12 可利用红线点坐标，采用全站仪自由设站或距离交会方法得到测站坐标，然后根据坐标测设Ⅰ、Ⅱ、Ⅲ三点。

7.3.2　建筑方格网及其测设方法

建筑方格网适用于按正方形或矩形布置的建筑群或大型建筑场地，建筑方格网的轴线与建筑物的轴线平行或垂直，可以用直角坐标法进行建筑物定位。

布设建筑方格网时，应根据建筑物、道路、管线的分布，结合场地的地形等因素，选定方格网的主轴线，再全面布设方格网。方格网的布设形式有正方形方格网和矩形方格网，布设要求与建筑基线基本相同，另外必须注意：主轴线点应接近精度要求较高的建筑物，方格网轴线彼此严格垂直，方格网点之间互相通视且能长期保存，边长一般取 100～200m，为 50m 的整数倍。

（1）利用经纬仪测设建筑放格网　建筑方格网测设应先测设主轴线。如图 7-15 所示，先测设长主轴线 ABC，方法与建筑基线测设相同，然后测设与 ABC 垂直的另一主轴线 DBE。测设时，将经纬仪安置在 B 点，照准 A 点，分别向左、向右转 90°测设出 D'、E' 点。然后精确测量 $\angle ABD'$ 和 $\angle ABE'$。求出 $\Delta\beta_1 = \angle ABD' - 90°$，$\Delta\beta_2 = \angle ABE' - 270°$。若较差超过 ±10″，则按下式计算方向调整 $D'D$ 和 $E'E$：

$$l_i = L_i \times \Delta\beta_i'' / \rho'' \tag{7-8}$$

将 D' 点沿垂直于 BD' 方向移动 $D'D = l_1$ 距离，将 E 点沿垂直于 BE' 方向移动 $E'E = l_2$ 距离。改正点位后，应检测两主轴线交角是否为 90°，其较差应小于 ±10″；否则应重复调整。另外还需校核主轴线点间的距离，精度应达到 1/10000。

主轴线测设好后，分别在 A、C、D、E 点安置经纬仪照准 B，分别向左、向右精密地测设出 90°，同测设 EBD 一样测设出其他轴线形成方格网。注意角度检测和边长检测都应满足精度要求。

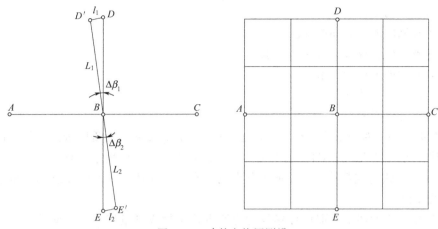

图 7-15　建筑方格网测设

（2）利用全站仪测设建筑放格网　首先在 CAD 界面中确定设计图的方格网，取得各个交点坐标，利用全站仪将各个交点放出。然后检测角度、距离，并进行调整。

 民用建筑施工测量

7.4.1　施工测量前的准备工作

工程开工之前，测量技术人员必须对整个项目施工测量的内容全面了解，进行充分的准备工作。

（1）熟悉设计图纸　设计图纸是施工测量的依据，所以首先熟悉图纸，掌握施工测量的内容与要求，并对图纸中的有关尺寸、内容进行审核。主要包括以下内容。

① 总平面图　反映新建建筑物的位置朝向、室外场地、道路、绿化等的布置，以及建筑物首层地面与室外地坪标高、地形、风向频率等，是新建建筑物定位、放线、土方施工的依据。在熟悉图纸的同时，应掌握新建建筑物的定位依据和定位条件，对用地红线桩、控制点、建筑物群的几何关系进行坐标、尺寸、距离等校核，检查室内外地坪标高和坡度是否对应、合理。

② 建筑施工图　是说明建筑各层平面布置、立面、剖面形式，建筑物各细部构造的图纸。阅读建筑施工图时，应重点关注建筑物各轴线的间距、角度、几何关系，检查建筑物平、立、剖面及节点图的轴线及几何尺寸是否正确，各层相对高程与平面图有关部分是否对应。

③ 结构施工图　反映建筑物的结构构造类型、结构平面布置、构件尺寸、材料和施工要求等。阅读结构施工图时应核对层高、结构尺寸，包括板、墙厚度，梁柱断面及跨度。对照建筑施工图和结构施工图，核对两者相关部位的轴线、尺寸、高程是否对应。

④ 设备安装图　反映建筑物内部设备安装布置、线路走向等。应核对有关设备的轴线、尺寸、高程是否与土建图一致。

（2）仪器配备与检校　根据工程性质、规模和难易程度准备测量仪器，并在开工之前将仪器设备送到相关单位进行检定、校正，以保证工程按质按量完成。

（3）现场踏勘　包括两方面内容：一是了解现场的地物地貌和与施工测量有关的问题，二是现场核对业主提供的平面控制点、水准点，获得正确的测量起始数据和点位。

（4）编制施工测量方案　内容如下。

① 方案制定的依据。

② 现有资料的分析。

③ 施工控制网的建立和要求。

④ 建筑物定位、放线的方法和要求。

⑤ 沉降观测的方法和要求。

⑥ 竣工测量的方法和要求。

⑦ 质量保证体系等。

(5) 数据准备　对图纸阅读校核时，还应进行 .dwg 文件与纸质图纸的校核，以保证放线数据无误。可以在 AutoCAD 中打开对应 .dwg 文件获取放线数据，对于复杂图形（如缓和曲线），可以先进行定数等分，获取等分点坐标作为放线数据。但应注意测量坐标系与建筑坐标系的转换。

① 从建筑总平面图上获取设计建筑物与原有建筑物或测量控制点之间的几何关系，作为测设建筑物总体位置的依据。

② 从建筑平面图上，查取建筑物的总尺寸和内部各定位轴线之间的关系尺寸，这是施工放线的基本资料。

③ 从基础平面图上查取基础边线与定位轴线的平面尺寸，以及基础布置与基础剖面位置的关系。

④ 从基础详图中查取基础立面尺寸、设计标高以及基础边线与定位轴线的尺寸关系，作为基础高程放样的依据。

⑤ 从建筑立面图和剖面图上查取基础、地坪、门窗、屋面等设计高程作为高程测设的依据。

7.4.2　建筑物定位放线

(1) 建筑物定位　即根据施工控制点将建筑物主轴线测设到现场地面上。重点关注建筑物四周外廓主轴线的交点（简称角桩）。

1) 根据控制点定位　如图 7-16 所示，A_1、A_2 点是施工控制点，数据准备时可以获取各轴线交点坐标，如 C 轴和 1 轴的交点 C1。将全站仪安置在 A_1 点，照准 A_2 点定向，利

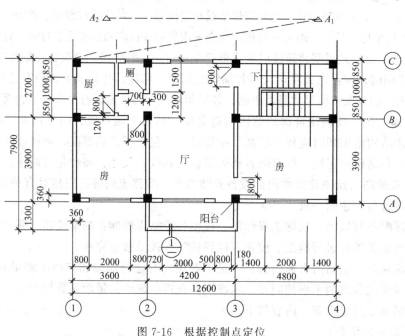

图 7-16　根据控制点定位

建筑工程测量

用全站仪放样功能，可以将 C1 测设到地面上。同样将其他各轴线交点在现场测设出来。用全站仪校核边长、角度和对角线长度，不满足限差要求的须重新测设。

定出建筑物轴线后，用经纬仪或全站仪将主要轴线延长至施工影响范围以外的控制桩上。同一轴线上建筑物的两侧至少各留 2 个控制桩。

2）根据相邻建筑物定位 如果根据相邻建筑物进行建筑物定位，首先利用已有建筑物测设建筑基线，然后利用建筑基线测设建筑物主轴线。

如图 7-17(a) 所示，拟建建筑在宿舍楼东侧，与宿舍楼南面平齐，且距宿舍楼 15m。首先用钢尺沿宿舍东、西墙，向南延长一小段距离 l，得到 a、b 两点。在 a 点安置经纬仪或全站仪，照准 b 点，并从 b 点沿 ab 方向量出距离 15m，得到 c 点，然后再沿该方向根据 c、d 两点间的距离测设 d 点，cd 就是拟建建筑的建筑基线。将经纬仪或全站仪安置在 c 点，照准 a 点，将仪器顺时针转 90° 即可测设出轴线 1 和 A、B、C 轴的交点。同样在 d 点可以测设出轴线 4 和 A、B、C 轴的交点。

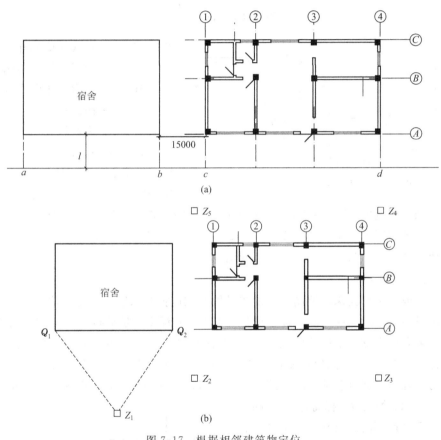

图 7-17 根据相邻建筑物定位

检核各边长和角度，若满足限差要求（如 1/5000 和 40″），即完成建筑定位；否则应重新测设。

3）其他定位方式 对于图 7-17(a)，还可以采用图 7-17(b) 所示的定位方式。

① 以 Q_1 为原点，纵横墙为坐标轴建立坐标系。

② 测量 Q_1、Q_2 长度为 d，则 Q_1 坐标为（0，0），Q_2 坐标为（0，d）。并且拟建建筑物的轴线在该坐标系都有对应坐标。

③ 在 Z_1 点安置全站仪测量 Z_1 与 Q_1、Z_1 与 Q_2 的距离，用距离交会法测得 Z_1 点坐标。

④ 后视 Q_1 点，盘左、盘右测量 Z_2、Z_3、Z_4、Z_5，检测角度与距离后作为施工控制点。

⑤ 用全站仪根据控制点完成建筑物定位。

（2）建筑物放线 根据已测设好的主轴线，详细测设各轴线交点的位置，并根据轴线交点桩位确定基槽开挖边界线。

1）轴线控制桩测设 由于基槽开挖时，会将轴线桩挖掉，因此应在各轴线的延长线上先测设轴线控制桩，也称为引桩，作为基槽开挖后恢复轴线的依据。控制桩一般设在基槽边外一定距离且不受施工干扰处。轴线控制桩也是向上层投测轴线的依据。轴线控制桩的测设同轴线交点测设一样，可以根据控制点情况选用不同方法完成。

2）确定基槽开挖边界线 应先根据槽底设计标高、原地面标高、基槽开挖坡度计算轴线两侧的开挖宽度。

轴线一侧的开挖宽度按下式计算：

$$W = W_1 + W_2 + \frac{h}{i}$$

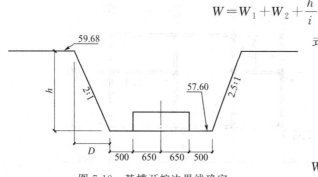

图 7-18　基槽开挖边界线确定

式中　W——轴线一侧的开挖宽度；

$\quad\quad W_1$——轴线一侧的结构宽度；

$\quad\quad W_2$——预留工作面宽度；

$\quad\quad h$——槽深；

$\quad\quad i$——边坡坡度，$i = h/D$。

如图 7-18 所示，$W_1 = 0.650$m，$W_2 = 0.500$m，左侧坡度为 2∶1，原地面高程为 59.68m，槽底高程为 57.60m。

轴线左侧开槽宽度：$W_左 = 0.650 + 0.500 + (59.68 - 57.60)/2 = 2.19$（m）

轴线右侧开槽宽度：$W_右 = 0.650 + 0.500 + (59.68 - 57.60)/2.5 = 1.982$（m）

按上述宽度，用白灰在轴线两侧撒出开槽线。

7.4.3　基础施工测量

（1）基槽或基坑开挖深度控制 基槽或基坑开挖应控制深度，避免超挖。为了控制开挖深度，当用机械开挖时，应控制在高于设计标高 0.2m 深度，然后再人工开挖。当快挖到设计标高时，可利用水准仪根据地面上 ±0.000 点在槽壁上测设一些水平桩，水平桩的上表面离槽底设计标高 0.500m，用以控制挖槽深度。水平桩的设置一般自拐角处，每 3～4m 测设一个，作为清理基底和打基础垫层时控制标高的依据。其测量限差一般为 ±10mm。

图 7-19 所示的槽底设计标高为 -1.900m，欲测设比槽底设计标高高出 0.500m 的水平桩，测设方法如下。

① 在适当位置安置水准仪，照准后视标尺，读取 ±0.000 点标尺读数 $a = 1.310$m。

② 计算前视尺读数 $b_应$：

$b_应 = a - h = 1.310 - (-1.900 + 0.500)$
$\quad\quad = 2.710$（m）

③ 在槽内一侧立水准尺，上下移动，

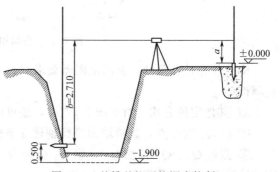

图 7-19　基槽基坑开挖深度控制

当标尺读数为 2.710m 时，沿尺底在槽壁上打入一木桩。

④ 检核水平桩高程，应满足限差要求。

基坑的深度一般大于基槽，当基坑深度较深时，可采用吊钢尺的方法进行坑底标高控制桩的测设。

（2）垫层中线测设　垫层混凝土强度达到规定强度后，将经纬仪安置在轴线控制桩上，后视轴线另一端的控制桩，测设出轴线点，再利用墨斗在垫层上弹线。检核各轴线间的尺寸和对角线关系，之后弹出基础边线。

基础模板支设前，应测设与模板顶平的高程桩，或在垫层上标出垫层到模板顶部的上返数，以控制模板的高度。基础浇筑前，严格复核模板的水平位置和模板顶部高程，不合格部位重新测设。

（3）桩基础施工测量　桩基础是民用建筑工程一种常用的基础形式，桩基础施工测量的主要任务：一是基础桩位测设，即按设计和施工的要求，准确地将桩位测设到地面上，为桩基础工程施工提供标志；二是进行桩基础施工监测；三是在桩基础施工完成后，进行桩基础竣工测量。

桩位测设与轴线交点测设类似，测设完成后，应进行复核验收，验收合格方可施工。对桩位轴线间长度和桩位轴线的长度进行检测，要求实量距离与设计长度之差，对单排桩位不应超过 ±1cm，对群桩不超过 ±2cm。施工期间应定期进行复测，以便及时发现问题。

7.4.4　墙体施工测量

（1）墙体定位　利用轴线控制桩，用经纬仪等方法将轴线投测到基础面或防潮层上，然后用墨线弹出墙中线和墙边线。检查外墙轴线交角是否为 90°，符合要求后，把轴线延伸并画在外墙基础上（图 7-20），作为向上投测轴线的依据。同时把门、窗和其他洞口的边线在外墙基础立面上标定出来。

（2）墙体各部位标高控制　在墙体施工中，墙身各部位标高通常用皮数杆控制。

首先绘制皮数杆，皮数杆上根据设计尺寸，按砖、灰缝的厚度画出线条，并标明 ±0.00 以及门、窗、楼板等的标高，如图 7-21 所示。其次设立墙身皮数杆，应使皮数杆上的 ±0.00 标高线与室内地坪标高相吻合。自转角处每隔 10～15m 设置一根皮数杆。在墙身砌

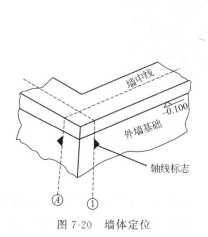

图 7-20　墙体定位

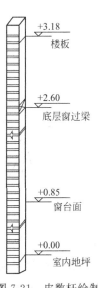

图 7-21　皮数杆绘制

129

至 1m 以后，应在室内墙上测设＋0.500m 标高线，作为该层地面施工和室内装修的标准。

在 2 层以上墙体施工中，需利用水准仪测量楼板四角的标高，取平均值作为该层的地坪标高，并以此作为设立皮数杆的依据。

框架结构的民用建筑，墙体砌筑是在框架施工后进行的，所以可以在地梁和立柱上弹出水平和垂直砌筑边线。在立柱靠近砌体一侧画出分层砌筑标志等，相当于将皮数杆绘制在立柱上。

7.5 高层建筑施工测量

高层建筑施工测量的主要任务是轴线投测和高程传递。

7.5.1 轴线投测

轴线投测即将建筑物基础轴线准确地向高层引测，并保证各层相应的轴线位于同一竖直面内。轴线向上投测的偏差在本层应不超过 5mm，全楼累计偏差值不超过 20mm，这是要严格控制并及时检核的。

（1）经纬仪轴线投测　当建筑物高度不超过 10 层时，可采用经纬仪投测轴线。在基础工程完成后，用经纬仪将建筑物的主轴线精确投测到建筑物底部，并设标志，以供下一步施工与向上投测用。

如图 7-22 所示，将经纬仪安置在离建筑物距离大于 1.5h 的轴线控制桩上，h 为投测点与地面的高差。盘左、盘右分别照准建筑物底部所测设的轴线标志，向上投测，取盘左、盘右投测点的中点作为轴线的投测点。按此方法分别将经纬仪安置在建筑物纵横轴线的轴线控制桩上，可在同一层上投测四个轴线点。经纬仪进行投测前，必须经过严格检校，尤其是照准部水准管轴应严格垂直于仪器竖轴。

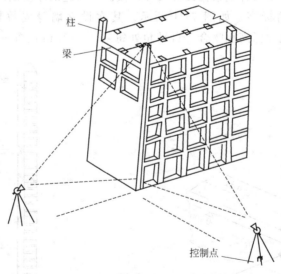

图 7-22　利用经纬仪投测轴线

多层建筑轴线投测除了利用经纬仪投测，还可以利用锤球线投测。但高层建筑随着层数增加，经纬仪投测的难度也增加，精度会降低。因此当建筑物层数多于 10 层时，通常采用激光垂准仪（激光铅垂仪）进行轴线投测。

（2）激光垂准仪　激光垂准仪是利用望远镜发射的铅直激光束到达光靶（放样靶，透明塑料玻璃，规格25cm×25cm），在靶上显示光点，投测定位的仪器（如图7-23所示）。垂准仪可向上投点，也可向下投点。其向上投点精度为1/45000。

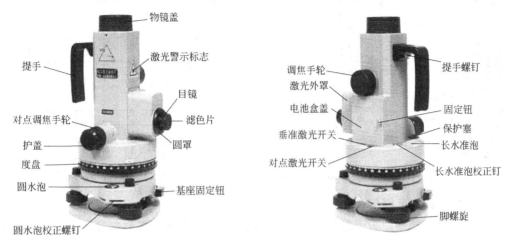

物镜盖
激光警示标志
提手
目镜
对点调焦手轮
滤色片
护盖
圆罩
度盘
圆水泡
基座固定钮
圆水泡校正螺钉

调焦手轮
激光外罩
电池盒盖
垂准激光开关
对点激光开关
提手螺钉
固定钮
保护塞
长水准泡
长水准泡校正钉
脚螺旋

图 7-23　激光垂准仪

激光垂准仪操作起来非常简单。使用时先将垂准仪安置在轴线控制点（投测点）上，对中整平后，向上发射激光，利用激光靶（图7-24），使靶心精确对准激光光斑，即可将投测轴线点标定在目标面上。

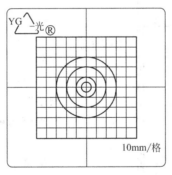

YG 光 ®

10mm/格

图 7-24　激光靶

（3）激光垂准仪轴线投测　如图7-25所示，为了利用激光垂准仪进行轴线投测，首先应在基础施工完成后，将设计投测点位准确地测设到地坪层上，每层楼板的对应位置都预留约20cm×20cm的孔洞。

将激光垂准仪安置在首层轴线控制点（投测点）上，打开电源，在投测楼层的垂准孔上，使激光靶的靶心精确对准激光光斑，利用压铁拉紧两根细线，使其交点与激光光斑重合，在垂准孔旁的楼面上弹出墨线标记。以后使用投测点时，仍用压铁拉紧两根细线恢复其中心位置即可。

利用垂准仪完成点位投测，在经过边长、对角线、角度校核之后，利用投测点与轴线点之间的关系，将细部轴线弹放于本层地面上，如图7-26所示，并以此轴线作为本层后续测设的依据。细部测设完成后，应做必要的检核。

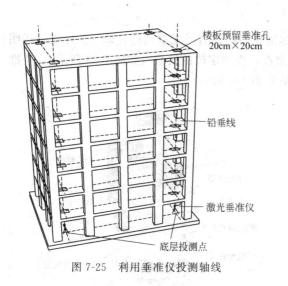

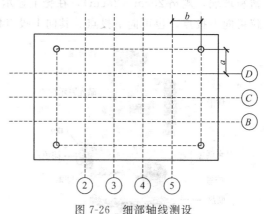

图 7-25　利用垂准仪投测轴线　　　　　　图 7-26　细部轴线测设

7.5.2　高层建筑的高程传递

在高层建筑施工中，为了保证各层施工标高满足设计要求，需要进行高程传递。高程传递一般采用钢尺直接丈量和悬吊钢尺法。

钢尺直接丈量是从 ± 0.000 或 $+0.500$ 线（称为 50 线）开始，沿结构外墙、边柱或楼梯间、电梯间直接向上垂直量取设计高差，确定上一层的设计标高。利用该方法应从底层至少 3 处向上传递。所传递标高利用水准仪检核互差应不超过 $\pm 3mm$。

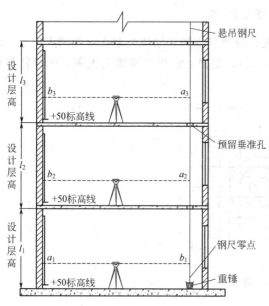

图 7-27　悬吊钢尺法传递高程

悬吊钢尺法是采用悬吊钢尺配合水准测量的一种方法。首先根据附近水准点，用水准测量方法在建筑物底层内墙上测设 ± 0.000 或 $+0.500m$ 的标高线。也可以直接将水准点引测到底层作为向上传递高程的依据。下面以图 7-27 中 50 线为例进行介绍。在一层安置水准仪，读取 50 线上标尺读数 a_1 和悬吊钢尺读数 b_1，然后将水准仪安置到二层，后视钢尺读数 a_2，图中一层设计层高为 l_1，计算前尺读数：

$$b_2 = a_2 - l_1 + (a_1 - b_1) \tag{7-9}$$

然后指挥扶尺人员上下移动标尺，当标尺读数为 b_2 时，沿尺底画线，即得到第二层的 50 线。同样方法可以得到其他层的 50 线，达到高程传递的目的。

7.6　工业建筑施工测量

工业建筑以厂房为主。工业厂房的施工测量同样要做大量的准备工作，包括熟悉图纸、准备仪器设备、场地平整、制定施测方案等。

控制测量仍然是先行工作。厂房控制网常采用矩形控制网，布置在基坑开挖线以外。如图 7-28 所示，L、P、U、K 是矩形控制网的四个角桩；测设可采用直角坐标法、极坐标法等。测设完成后，应进行角度、边长检核。角度误差不超过 $\pm 10''$，边长相对误差不超过 $1/10000 \sim 1/25000$。

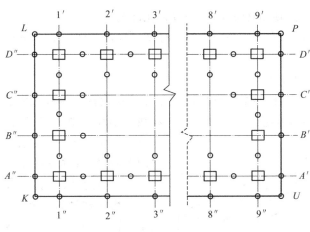

图 7-28　厂房柱列轴线

7.6.1　厂房柱列轴线与柱基测设

（1）厂房柱列轴线测设　图 7-28 是某厂房的基础平面示意图。根据厂房平面图上所标注的柱间距和跨距尺寸，用钢尺沿矩形控制网各边量出各柱列轴线控制点位置，如图中 $1'$、$2'$、…、$1''$、$2''$、…、A'、B' 等，打入木桩，桩顶用小钉标示点位，作为柱基测设和施工安装的轴线控制桩。丈量时可根据矩形边上相邻的两个控制点，采用内分法测设。

（2）柱基测设　应以柱列轴线为基线，根据施工图中基础与柱列轴线的关系尺寸进行测设。将两台经纬仪安置在相互垂直的柱列轴线控制桩上，沿轴线方向交会出每个柱基中心位置，并在柱基挖土开口 1.0～2.0m 处，打四个定位小木桩，桩顶用小钉标明位置，作为修坑和立模的依据。再根据基础详图尺寸和放坡宽度，用灰线标出挖坑范围。

在进行柱基测设时，应注意柱列轴线不一定都是柱基中心线，放样时要反复核对。

（3）柱基施工测量　基坑挖到一定深度后，要在基坑四壁离坑底 0.3～0.5m 处测设几个水平桩，作为基坑修坡和检查坑深的依据。随后将基坑坑底标高测设在木桩顶上，用于控制垫层的标高。

打好垫层后，根据坑边定位木桩用拉线吊垂球的方法把柱基定位轴线投到垫层上。弹出墨线作为柱基支模板和布置钢筋的依据。支模板时，将模板底线对准垫层上的定位线，并利用垂球控制模板垂直，且将柱基顶面设计高程测设到模板内壁上。如果是杯形基础，注意使杯内底部标高低于其设计标高 2～5cm，作为抄平调整的余量，见图 7-29。

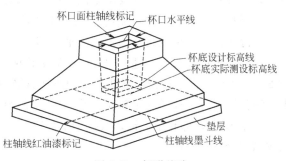

图 7-29　杯形基础

杯口面柱轴线标记　杯口水平线

杯底设计标高线
杯底实际测设标高线

垫层

柱轴线红油漆标记　柱轴线墨斗线

133

7.6.2 厂房预制构件的安装测量

（1）柱子吊装测量　混凝土柱是厂房结构的主要构件，其安装质量直接影响整个结构的安装质量，所以要特别重视这一环节，确保柱位准确、柱身铅直、牛腿面标高正确。

1）柱子吊装应满足以下要求。

① 柱子中心线应与相应的柱列轴线一致，允许偏差±5mm。

② 牛腿面与柱顶面的实际标高应与设计标高一致，允许偏差±3mm。

③ 柱身垂直允许偏差±3mm。

2）柱子吊装前的准备工作。

① 投测柱列轴线　在杯形基础拆模后，用经纬仪把柱列轴线投测在杯口顶面上，弹出墨线，用红漆做标记（图7-29），作为柱子吊装时确定轴线方向的依据。之后用水准仪在杯口内壁测设一条标高线，也称杯口水平线。

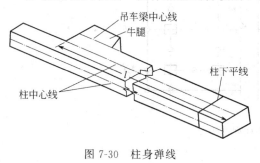

图 7-30　柱身弹线

② 柱身弹线　首先按轴线位置给柱子编号，其次在柱身的三个面上弹出柱中心线，并从牛腿面用钢尺量出柱下平线的标高线，该线标高应与杯口水平线标高一致，如图 7-30 所示。

③ 柱长检查与杯底抄平　柱底到牛腿面的设计长度 l（图7-30）应等于牛腿面高程 H_2 与杯底高程 H_1 之差：

$$l = H_2 - H_1 \tag{7-10}$$

由于牛腿柱在预制过程中，受模板制作误差和变形的影响，l 的实际尺寸往往与设计尺寸不一致。所以为了保证吊车量的平整，控制牛腿面高程，通常在杯形基础浇筑时，使杯内底部标高低于设计标高，见图7-29。用钢尺从牛腿顶面沿柱边量到柱底，然后根据柱子实际的长度用 1:2 水泥砂浆找平杯底，使牛腿面的标高符合设计高程。

3）柱子吊装中的测量工作。

① 定位测量　柱子吊入杯口后，首先将柱面中心线与杯口顶面的柱轴线在两个互相垂直的方向上对齐，用楔子临时固定，使柱身大致垂直，然后敲击楔子使柱脚中心线精确对准杯形基础上的柱列中心线，偏差不超过5mm。

② 标高控制　柱子的标高控制和定位几乎是同时进行的，使柱下平线与杯口水平线对齐即可。

③ 柱子垂直度控制　如图 7-31 所示，将两台经纬仪安置在互相垂直的两条轴线的控制桩上，照准柱子，固定经纬仪水平制动螺旋，转动望远镜，使十字丝中心沿柱子中心线自柱底向柱顶移动，如果十字丝始终在柱子中心线上说明柱子垂直；否则通过紧楔子的方法校正。实际工作中，可以将经纬仪偏离轴线不超过15°架设，可同时校正几根柱子。

（2）吊车梁的安装测量　吊车梁在安装前，应先在其顶面和端面弹出中心线，见图7-32。其次在地面上测设吊车轨道的中心线 $A'A'$ 和 $B'B'$，见图7-33(a)。之后将吊车轨道的中心线投测到每根柱子的牛腿面上并弹线。投测时，将经纬仪安置在其中一个 B' 点上，照准另一个 B' 点，仰起望远镜，根据十字丝竖丝在牛腿上做标记，完成 $B'B'$ 投测。同样方法完成 $A'A'$ 投测。

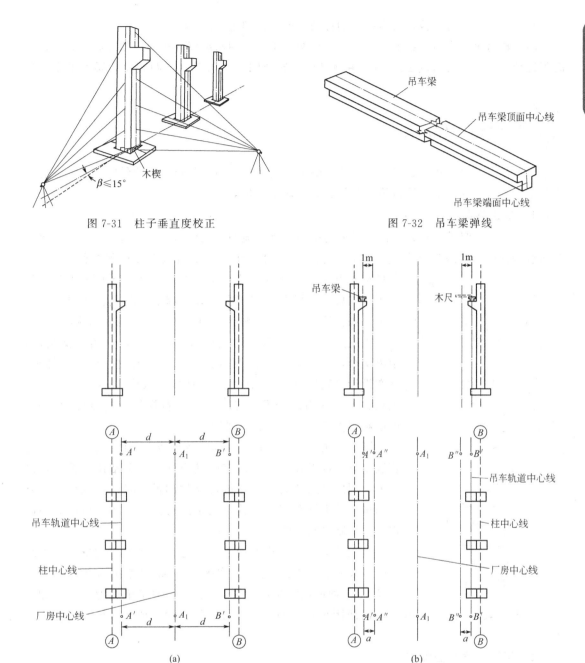

图 7-31　柱子垂直度校正

图 7-32　吊车梁弹线

图 7-33　吊车梁和吊车轨的安装

　　吊装时，根据牛腿面上投测的轨道中心线和吊车梁端面的中心线，将吊车梁安装在牛腿面上。之后检查吊车梁顶面高程，并进行必要地调整。

　　（3）吊车轨道的安装测量　首先，进行吊车轨道中心线检查。如图 7-33（b）所示，在地面上测设与 $A'A'$、$B'B'$ 平行且相距 1m 的辅助线 $A''A''$、$B''B''$，之后将经纬仪安置在其中一个 B'' 点上，照准另一个 B'' 点，仰起望远镜向上投点，另一个人在吊车梁上移动横放的木尺，当木尺 1m 处刻划与十字丝竖丝重合时，木尺端点应与吊车梁上的中心线一致；否则应撬动吊车梁，进行修正。

其次，安放轨道垫板，轨道垫板的标高误差不得超过±2mm。

吊车轨道吊装在吊车梁上之后，应进行两项检查。用水准仪检查轨道顶面高程，与设计高程比较，误差不得超过±2mm；用钢尺检查轨道间距，与设计跨距相比，误差不得超过±3mm。

7.7 管道工程测量

管道包括给水、排水、供气、供暖、输电、输油等管道。管道工程测量的主要任务有中线测量、纵横断面测量、管道施工测量、管道竣工测量等。

7.7.1 中线测量

管道中线测量的任务是将设计管道的中心位置在地面上测设出来。管道的起点、终点和转向点是管道中线测量的关键点，称为主点。为了便于施工，还需要测设里程桩和加桩。里程桩从起点开始每隔50m设一个，如果地势复杂可以每20m设一个。加桩可以根据具体情况加设。起点、终点、转向点和里程桩、加桩测设完成后，整个管道的中线即可在现场测设出来。

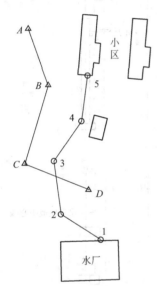

图7-34　根据导线点测设管线主点

主点测设的方法有直角坐标法、极坐标法、角度交会法、距离交会法。可以在主点测设完成后，再测设里程桩和加桩。现在设计多利用 Auto CAD 完成，所以可以从.dwg文件中获取主点和里程桩测设数据，有些设计资料提供上述点位的坐标，可以利用直接全站仪完成中线测量。

图7-34中 A、B、C、D 为已有导线点，1、2、3、4、5为管线主点，从设计资料可以获得其坐标。将全站仪安置于控制点上，利用全站仪放样功能进行点位测设。测设完成后可以立即测量点的坐标和高程，其目的是进行测设检核；可以利用高程数据绘制纵断面图。

里程桩不仅反映管道中心线，还是断面测量的依据。里程桩桩号表示该点距起点的沿线距离。如起点编号为 0＋000，"＋"号前面的数字单位为 km，后面的数字单位为 m。例如桩号 3＋360，表示该桩号距起点的沿线距离是 3360m。桩号应用红油漆或防水记号笔标注在木桩上。

7.7.2 管线纵横断面测量

（1）管线纵断面测量和纵断面图绘制　沿管道中心线方向的断面称为纵断面。纵断面图反映管道中心线上地面的起伏变化，是设计管道埋深、坡度的主要依据。管道纵断面测量即测绘管道纵断面图，通过测量沿线各桩点的高程，配合桩号绘制纵断面图。

为了满足纵断面测量和施工的精度要求，应沿管线布设一定精度和密度的水准点。一般采用四等水准测量每隔 1～2km 布设一个永久水准点，每隔 300～500m 设置一个临时点。水准点可以设在稳固的建筑物上，以红油漆标绘，也可以埋设混凝土桩或木桩。

在沿线高程控制网的基础上，以附合水准路线的形式，按图根水准测量的要求测量主点和里程桩、加桩的高程。用全站仪进行中心线点位测设时，可以同时完成各桩位的高程测量。

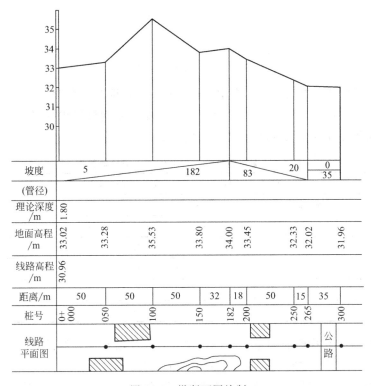

纵断面图绘制时，纵轴表示高程，横轴表示水平距离。为了明显地表示地面的起伏状态，通常高程比例尺是水平距离比例尺的 10 或 20 倍，绘制步骤如下。

① 在 Auto CAD 界面建立纵横坐标轴。

② 根据水平比例尺展绘桩号的相应距离，确定桩号位置，标明桩号。

③ 根据最低点高程确定高程的起算值，一般是 10 的整数倍。如图 7-35 所示，地面实测高程最小值在 0＋300 处，高程为 31.96m，所以高程起算值取 30m。

坡度	5			182		83	20	0
								35
(管径)								
理论深度/m	1.80							
地面高程/m	33.02	33.28	35.53	33.80	34.00	33.45	32.33	32.02	31.96
线路高程/m	30.96							
距离/m	50	50	50	32	18	50	15	35
桩号	0+000	050	100	150	182	200	250	265	300
线路平面图								公路

图 7-35　纵断面图绘制

④ 用高程比例尺，根据各桩的地面高程和起算高程的差值以及对应的桩号，确定各点位置。用折线连接相邻点，得到的折线图即为纵断面图。

⑤ 分别用"／"、"＼"和"－"表示上、下和平坡。在坡度栏内注记坡度方向。坡度线上注记坡度值，以千分数表示，线下注记这段坡度的距离。

⑥ 管底高程计算。根据管道的起点高程、设计坡度以及各桩之间的距离，逐点计算。例如，在 0＋000 处的管底高程为 30.96m（由设计者确定），管道坡度 i 为 5‰（"＋"号表示上坡，"－"号表示下坡），求得 0＋050 处的管底高程为 30.96m＋50m×5‰＝31.21m。

⑦ 管道埋深等于该处的地面高程与管底高程之差。例如，0＋050 处的地面标高为 33.28m，管底高程为 31.21m，则管道埋深为 33.28m－31.21m＝2.07m。

(2) 管线横断面测量和横断面图绘制　垂直于管道中心线方向的断面称为横断面。横断面反映管道中心线两侧地面起伏变化，用于计算管线沟槽开挖土方量和施工时确定开挖边界。

① 利用水准仪进行横断面测量　用方向架确定横断面方向，见图 7-36，将方向架置于中心桩上，以方向架的一个方向对准相邻的中心桩，则方向架的另一个方向即为横断面方向。

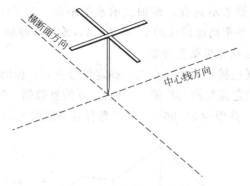

图 7-36　方向架确定方向

选择适当位置安置水准仪，首先在中心桩上立标尺，读取后视读数，之后在横断面方向上坡度变化处逐一立尺，读取各点的前视读数。用皮尺或钢尺量出立尺点到仪器的水平距离。利用视线高程计算各立尺点高程。记录计算见表 7-2。

表 7-2　横断面测量（水准仪法）记录计算表

桩号：0+100　　　　　高程：97.570m

测	点	水平距离/m	后视/m	前视/m	视线高/m	高程/m
左	右	0	1.26		98.83	
1		2.0		1.30		97.53
2		5.4		1.42		97.41
3		7.2		1.45		97.38
…	…	…	…	…	…	…

② 利用全站仪进行横断面测量　将全站仪安置在中心桩上，照准相邻中心桩，采用角度测设的方法确定横断面方向，完成该方向上点的高程测量。

③ 利用经纬仪进行横断面测量　将经纬仪安置在中心桩上，量取仪器高 i，之后照准相邻中心桩，采用角度测设的方法确定横断面方向，照准该方向线上各点的标尺，读取上丝、下丝、中丝读数 ν 和竖直角 α。

根据视距测量计算公式计算水平距离和高差：

$$D = 100 \times (上丝读数 - 下丝读数)\cos^2\alpha \tag{7-11}$$

$$h = D\tan\alpha + i - \nu \tag{7-12}$$

记录计算见表 7-3。

表 7-3　横断面测量（经纬仪法）记录计算表

桩号：1+150　　　　高程：100.32m　　　　仪器高 i=1.50m

测	点	上丝读数/m	下丝读数/m	中丝读数/m	竖直角	水平距离/m	高差/m	高程/m
左	右							
	5	1.625	1.510	1.568	+3°26′	11.46	+0.62	100.94
	6	1.478	1.206	1.342	+1°56′	27.17	+1.08	101.40
…	…	…	…	…	…	…	…	…

④ 横断面图绘制　以中线上的里程桩或加桩的设计位置（水平位置和管底设计高程）

为坐标原点，水平距离为横轴，高程为纵轴。均采用 1：100 的比例尺绘制。

7.7.3 管道施工测量

管道施工测量步骤如下。

（1）检查中线桩情况 如有破坏，应及时根据测设数据恢复中线桩，并进行检核。

（2）测设施工控制桩 管线开槽后，中心线上的桩会被挖掉；所以开槽前应在既不受施工影响又易于保存的位置设置施工控制桩。施工控制桩包括中线控制桩和位置控制桩。中线控制桩一般设置在主点附近中心线的延长线上。位置控制桩设置在里程桩或检查井位两侧与中心线垂直的方向上，如图7-37所示。

（3）加密水准点 为了施工期间测设高程，应在原有水准点的基础上，沿线每隔150m左右增设一个临时水准点。

（4）槽口放线 槽口宽度由管径大小、埋深以及土质情况确定。如图 7-38 所示，槽底宽度为 b，管道埋深为 h，放坡系数为 m，则槽口宽度 $B=b+2mh$。利用中线桩和控制桩，根据槽口宽度在地面上定出槽边线位置，撒上灰线。

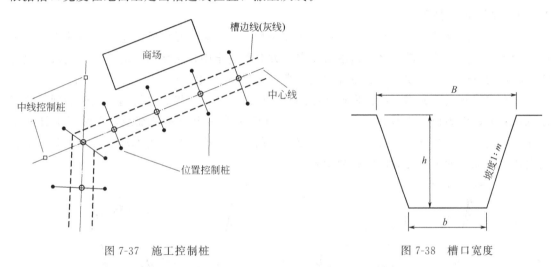

图 7-37 施工控制桩　　　　　　　　　图 7-38 槽口宽度

（5）设置坡度板和测设中线钉 如图7-39(a) 所示，开槽后应设置坡度板，以保证管道沟槽按照设计的位置进行开挖。一般每隔10～20m 设置一块坡度板，并与桩号对应，且标明桩号。坡度板应牢固可靠，板顶面水平。在中线控制桩上安置经纬仪，将管道中线投测到坡度板上，钉上小铁钉（称中线钉）作为标志。

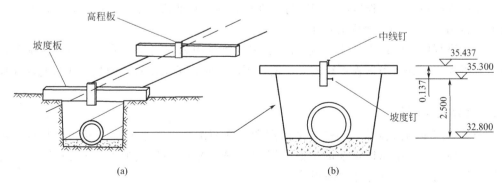

(a)　　　　　　　　　　　(b)

图 7-39 坡度板设置

（6）测设坡度钉　为了控制基槽开挖深度，应根据附近的水准点用水准仪测出各坡度板的高程。根据管道设计坡度计算该处管道的设计高程。坡度板高程与管道设计高程的高差，即从板顶向下挖的深度，称为下反数；可以用防水记号笔写在坡度板上，作为高程测设的依据。

由于地面起伏变化，每块坡度板的向下挖深都不同，所以下反数不是一个整数，也不是一个常数，施工、检查都不方便，施工中用坡度钉来控制开挖深度。在坡度板中线一侧钉一块高程板，在高程板上测设坡度钉。为了使坡度钉处下反数为一个常数 C，坡度钉的位置以坡度板为准向上或向下调整，调整幅度按下式计算：

$$\delta = C - (H_{板顶} - H_{设计}) \tag{7-13}$$

根据 δ 值在高程板上用小铁钉定出其位置，小钉就是坡度钉，见图 7-39(b)。相邻坡度钉的连线是一条与设计管底坡度平行且相差为选定下反数 C 的直线。图 7-39(b) 中，0＋000 处的管底设计高程为 32.800m，板顶高程为 35.437m，下反数取 2.500m，则

$$\delta = 2.500 - (35.437 - 32.800) = -0.137 \ (m)$$

坡度钉测设完成后还应用水准测量的方法对其高程进行检核。

7.7.4　顶管施工测量

当地下管线穿越公路、铁路或其他重要建筑物时，常采用顶管施工法。顶管施工是在先挖好的工作坑内安放轨道，将管道沿所要求的方向顶进土中，再将管内的土方挖出来。顶管施工测量的目的是保证顶管按照设计中线和高程正确顶进和贯通。

（1）中线测量　利用经纬仪根据地面的中心桩或中线控制桩，将管道中线引测到顶管工作坑坑壁上，作为顶管中线桩，见图 7-40。在顶管中线桩上拉一条细线，在细线上挂两个垂球，则垂球的连线方向即为管道的中线方向。制作（或改造）一把木尺，其长度略小于管道内径，保证尺的中央为确定的整数刻划线。

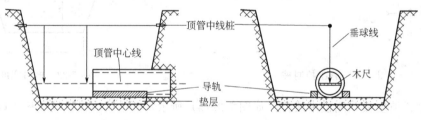

图 7-40　顶管工程测量

中线测量时，利用水准器将木尺平放在管道内，使其中央刻划线始终在两垂球连线的延长线上，则顶管的中心线方向与设计方向一致。如果偏离超过 1.5cm，则需校正。

（2）高程测量　在工作坑内引测临时水准点，利用水准仪测量管底高程，其值与设计高程之差不得超过 ±5mm，否则需校正。

在顶管进程中，每顶进 0.5m，进行一次中线测量和高程测量。采用对向顶管施工，贯通误差不得大于 3cm。当顶管直径较大、顶管距离长时，可采用管道激光仪或激光经纬仪进行导向。

7.7.5　管道竣工测量

管道竣工测量的内容是测绘竣工平面图和纵断面图。竣工平面图主要测绘起点、转折点、终点，检查井、附属构筑物的平面位置和高程。竣工纵断面图测绘应在回填土之前进行，测量管顶高程和检查井井底高程。

可以利用全站仪采用数字测图方式一次完成。

小结：本单元首先介绍了测设的基本工作、施工控制网的建立与测设方法，然后根据施工过程分别介绍了民用建筑（含高层建筑）、工业建筑、管道工程的施工测量。

能力训练 7-1 建筑物定位放线能力评价

（1）能力目标 能根据现场和仪器工具条件选择适宜的建筑物定位放线方法；能在辅助人员的配合下现场完成建筑物定位放线工作。

（2）考核项目（工作任务） 根据已有建筑物和定位放样条件，以个人为单位，用全站仪在现场测设一个四点矩形建筑物，将点位标定在地面上，并做必要的校核工作。

（3）考核环境 场地和仪器工具准备：选一块较为宽阔的场地，每人根据现场条件和给定已知数据，由另外两位同学配合，利用全站仪完成一个四点矩形房屋定位放线任务。全站仪一套，红蓝铅笔一支，木桩若干，铁锤一把。

（4）考核时间 一个人的操作需要在 30min 内完成。

（5）评价方法 以三人为一组进行考核，一人为主，利用全站仪进行建筑物定位放线操作，另外一人立镜，一人定点，配合操作者完成作业。检核满足规范要求，根据所用时间、仪器的操作熟练程度、三人的配合默契程度、标志点位精度等综合评定成绩。

（6）评价标准及评价记录表 见表 7-4。

表 7-4 建筑物定位放线能力评价考核记录

班级：_____   组别：第_____组   考核教师：_____

控制点：_____   日期：_____   仪器：_____

观测员（考核人）：_____   配合操作员：_____

考核项目	考核指标	配分	评分标准及要求	得分	备注
建筑物定位放线	方法正确及步骤合理程度	10	根据现场和仪器工具条件选择适宜的建筑物定位放线方法,操作步骤合理规范,否则按具体情况扣分		
	全站仪的安置的精度和熟练程度	10	对中误差不超过 1mm,整平误差不超过一格,安置熟练,配合默契否则根据情况扣分		
	X 坐标较差	15	精度要求≤5mm,1点超限扣 5 分,两点及以上超限不得分		
	Y 坐标较差	15	精度要求≤5mm,1点超限扣 5 分,两点及以上超限不得分		
	时间	20	小于 15min 记 20 分;15～20min 记 15 分;20～25min 记 10 分;25～30min 记 5 分;30min 以上记 0 分		
	协作者得分	10	配合默契,动作正确规范,点位标志清晰		
	其他能力:学习、沟通、分析问题、解决问题的能力等	10	由考核教师根据学生表现酌情给分		
	仪器、设备使用维护是否合理、安全及其他	10	工作态度端正,仪器使用维护到位,文明作业,无不安全事件发生,否则按具体情况扣分		
考核结果与评价	考评评分合计				
	考评综合等级				
	综合评价：				

能力训练 7-2 多层建筑轴线投测能力评价

（1）能力目标 能根据现场和仪器工具条件选择适宜的轴线投测方法；能在辅助人员的配合下现场完成多层建筑轴线投测工作。

（2）考核项目（工作任务） 要求利用经纬仪，采用"外控法"在施工现场建筑物（一个二层建筑物为好）上投测轴线位置，用红铅笔做出标记。

（3）考核环境 场地和仪器工具准备：施工中建筑物（一个二层建筑物为好），如果条件有限，可选择成品建筑物将轴线投测至二楼窗台上（假定为二楼地面）。在建筑物前空地上假定两点为建筑物主轴线控制点 A_1、A_2（A_1 在建筑物基础上标注，A_2 根据场地情况在建筑物前 $10\sim20$m 处的地面上钉设木桩，木桩上钉铁钉标注或在坚硬地面上钉钢钉标注，并在钢钉周围用红油漆画上圆圈标记）。准备 DJ_6 型经纬仪一套，红蓝铅笔一支。

（4）考核时间 一个人的操作要求在 20min 内完成。

（5）评价方法 以两个人为一组，以一人为主进行经纬仪投点操作，另外一人作为助手，配合操作者在二楼画点操作。检核满足规范要求，根据所用时间、仪器的操作熟练程度、两人的配合默契程度、投点的精度等综合评定成绩。

（6）评价标准及评价记录表 见表 7-5。

表 7-5 建筑物轴线投测能力评价考核记录

班级：_____ 组别：第_____组 考核教师：_____

观测员（考核人）：_____ 配合操作员：_____

控制点：_____ 日期：_____ 仪器：_____

考核项目	考核指标	配分	评分标准及要求	得分	备注
建筑物轴线投测	方法正确及步骤合理程度	10	能根据现场和仪器工具条件选择适宜的轴线投测方法，操作步骤合理规范，否则按具体情况扣分		
	经纬仪的安置精度和熟练程度	10	对中误差不超过 1mm，整平误差不超过一格，安置熟练，否则根据情况扣分		
	瞄准 A_1 点是否准确	10	充分利用微动螺旋，分别用正、倒镜准确瞄准 A_1 点，否则按具体情况扣分		
	轴线投测点精度	20	投测点精度在 5mm 以内，否则按具体情况扣分		
	协作者得分	10	配合默契，动作正确规范，点位标志清晰，否则按具体情况扣分		
	时间	20	在规定时间内完成，10min 内为满分；11~15min 得 15 分；16~20min 得 10 分；超过 20min 得 0 分		
	其他能力：学习、沟通、分析问题解决问题的能力等	10	由考核教师根据学生表现酌情给分		
	仪器、设备使用维护是否合理、安全及其他	10	工作态度端正，仪器使用维护到位，文明作业，无不安全事件发生，否则按具体情况扣分		
考核结果与评价	考评评分合计				
	考评综合等级				
	综合评价：				

能力训练 7-3　多层建筑高程传递能力评价

（1）能力目标　能根据现场和仪器工具条件选择适宜的高程传递方法；能在辅助人员的配合下现场完成多层建筑高程传递工作。

（2）考核项目（工作任务）　要求利用水准仪，配合水准尺在施工现场建筑物上进行 50 线逐层传递，在上层建筑物上用墨线弹出 50 线标记。

（3）考核环境　场地和仪器工具准备：施工中建筑物（一个已浇筑楼梯间的建筑物为好），如果条件有限，可选择成品建筑物将 50 线传递至上一层某处。在建筑物某层某处画好 50 线，作为传递依据。准备 DS_3 水准仪一套，墨斗一个，红蓝铅笔一支。

（4）考核时间　一个人的操作需要在 20min 内完成。

（5）评价方法　三个人为一组，以一人为主进行水准仪高程传递操作，另外两人作为助手，配合操作者进行高程传递作业。检核满足规范要求，根据所用时间、仪器的操作熟练程度、三人的配合默契程度、高程传递的精度等综合评定成绩。

（6）评价标准及评价记录表　见表 7-6。

表 7-6　建筑物高程传递能力评价考核记录

班级：_____　组别:第_____组　考核教师：_____

观测员(考核人)：_____　配合操作员：_____

日期：_____　仪器：_____

考核项目	考核指标	配分	评分标准及要求	得分	备注
建筑物高程传递	方法正确及步骤合理程度	10	能根据现场和仪器工具条件选择适宜的轴线投测方法，操作步骤合理规范，否则按具体情况扣分		
	水准仪安置精度和仪器操作熟练程度	10	水准仪安置在中间位置,严格精平,仪器操作熟练,否则根据情况扣分		
	读数、记录	10	读数、记录正确规范		
	高程传递精度	20	精度符合要求(≤5mm),否则按具体情况扣分		
	协作者得分	10	配合默契,动作正确规范,墨线标志清晰,否则按具体情况扣分		
	时间	20	在规定时间内完成,10min 内为满分;11～15min 得 15 分;16～20min 得 10 分;超过 20min 得 0 分		
	其他能力:学习、沟通、分析问题、解决问题的能力等	10	由考核教师根据学生表现酌情给分		
	仪器、设备使用维护是否合理、安全及其他	10	工作态度端正,仪器使用维护到位,文明作业,无不安全事件发生,否则按具体情况扣分		
考核结果与评价	考评评分合计				
	考评综合等级				
	综合评价：				

思考与练习

1. 举例说明测量与测设的区别。

2. 查找资料，举例说明施工控制网与地形图测绘控制网的不同。

3. 举例描述利用经纬仪与钢尺进行点位测设的步骤。

4. 根据全站仪测量放线实训，写出用全站仪测设点位的过程。

5. 实地测设指定的高程，写出高程测设的过程。

6. 简述坡度测设的步骤，写出坡度测设前的准备工作。

7. 如果没有测角仪器，利用钢尺如何测设90°、60°、45°的水平角？

8. 利用全站仪测设点位，应建立怎样的施工控制网？其优势和劣势是什么？

9. 轴线控制桩起什么作用？如何测设？

10. 高层建筑是如何进行轴线控制和高程投测的？实地调研，写出所调查工地采用的方法。

11. 管道工程测量有哪些主要工作？

12. 图7-41中有两幢建筑物，一幢是教学楼，另一幢是图书馆。现欲在图书馆门前修建一广场，广场中心是图书馆中轴线和教学楼中轴线的交点。广场为一个82m×82m的正方形，南北两边与图书馆平行。写出利用经纬仪和钢尺进行广场定位放线的步骤。如果仅有全站仪应如何进行定位放线？

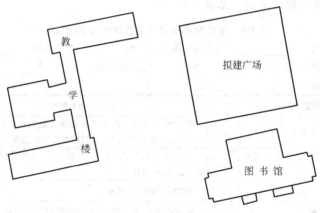

图7-41　定位放线习题

13. 图7-42中拟建办公楼的定位依据是什么？施工控制网采用何种形式？

图7-42　定位依据习题

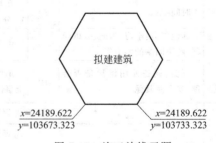

图7-43　施工放线习题

14. 图7-43中拟建建筑物为正六边形，设计图纸给出了两点坐标。计算其他各点坐标，并说明如何建立施工控制网？如何进行建筑物定位放线？

15. 管道施工时，已知0+000处的管底高程为56.231m，坡度为−2‰，计算0+300处的管底高程。

16. 利用水准仪等设备完成纵断面测量，并利用AutoCAD绘制纵断面图。

单元 ⑧

建筑物变形观测及竣工总平面图的编绘

知识目标

- 了解变形观测和竣工测量的工作内容及程序
- 理解变形观测和竣工测量的方法
- 掌握变形观测的实施及数据处理
- 掌握竣工测量和竣工总平面图的编绘

能力目标

- 能实施建筑物沉降观测及数据处理
- 能完成建筑物倾斜、位移、裂缝观测
- 能进行竣工测量和竣工总平面图编绘

引　子

对于多层建筑、高层建筑、重型设备基础和高大构筑物（如烟囱、水塔、电视塔）等，在其施工和运营期间，受建筑地基的工程地质条件、地基处理方法、建筑物上部结构的荷载等因素的综合影响，会产生变形。这些变形在一定限度之内应认为是正常的现象，但如果超过了规定的限度，就会影响建筑物的正常使用，严重时还会危及建筑物的安全。因此，在建（构）筑物的施工和运营期间需要对它们进行监视观测，即变形观测。通过变形观测所获得的数据可分析和跟踪建（构）筑物的变形情况，以及时发现问题，采取措施，保证建（构）筑物的正常使用和安全生产。

各种工程建设是根据设计图纸进行施工的，但在施工过程中，可能会出现在设计时未预料到的问题而使设计有所更改。在竣工验收时，必须提供反映设计更改后的实际情况的图纸，即竣工总平面图。

为了编绘竣工总平面图，需要在各项工程竣工时进行实地测量，即竣工测量。竣工测量完成后，应及时提交完整的资料，包括工程名称、施工依据、施工成果等，作为编绘竣工总平面图的依据。

8.1　建筑物沉降观测

建筑物的沉降观测是采用水准测量的方法，连续观测设置在建筑物上的观测点与周围水准点之间的高差变化值，确定建筑物在垂直方向上的位移量的工作。

8.1.1 水准基点和沉降观测点的布设

（1）观测点的布设 观测点是为进行沉降观测而设置在建筑物上的固定标志，应设置在能反映出沉降特征的地点。一般沿建筑物周边每隔10～20m处布设一点，其位置通常设在建筑物的四角点，纵横端连接处，平面及立面有变化处，沉降缝两侧，地基、基础、荷载有变化处等。

观测点设置的数量与位置，应能全面反映建筑物的沉降情况，并应考虑便于立尺、没有立尺障碍，同时注意保护观测点不致在施工过程中受到损坏。

观测点的形式和设置方法应根据工程性质和施工条件确定，一般民用建筑的沉降观测点，大部分设置在外墙的勒脚处，为使点位牢固稳定，观测点埋入的部分应大于10cm；观测点的上部须为半球形状或有明显的凸出之处，以保证放置标尺均为同一标准位置；观测点

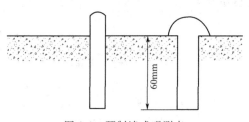

图 8-1 预制墙式观测点

外端须与墙身或柱身保持至少4cm的距离，以便标尺可对任何方向垂直置尺。观测点按其与墙、柱连接方式与埋设位置的不同，有以下几种形式。

① 预制墙式观测点 如图 8-1 所示，将角钢或其他标志预埋在混凝土预制块内，角钢棱角向上，在砌筑堵勒脚时，把预制块砌入墙内。

② 现浇墙式观测点 如图 8-2（a）所示，利用直径为 18～20mm 的钢筋，一端弯成 90°角，顶部加工成球状，另一端制成燕尾形埋入墙内；或如图 8-2（b）所示，用长为 120～140mm 的角钢在一端焊一铆钉，另一端埋入墙内，并以 1：2 水泥砂浆填满抹平。

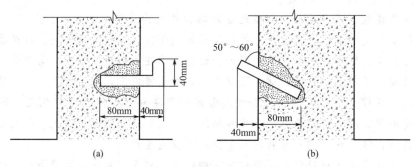

(a)   (b)

图 8-2 现浇墙式观测点

③ 隐蔽式观测点 如图 8-3 所示，观测时旋进标身，观测完毕后卸下标身，旋进保护盖以保护标志。

④ 钢筋混凝土基础观测点 如图 8-4 所示，观测点是埋设在基础面上的铆钉。

⑤ 钢柱观测点 如图 8-5 所示，在钢柱侧面焊接带有铜头的角钢作为观测点。

（2）水准点的设置 水准点作为沉降观测的依据，必须保证其高程在相当长的观测时期内固定不变。其布设除应满足一般要求（布设在坚实稳固之处，底部应埋设在冻土层以下）外，还应满足以下特殊要求。

① 对点的数量的要求 为了相互校核，保证沉降观测中所使用的水准点的可靠性，防止由于水准点的高程变化造成差错，应布设三个或三个以上的水准点，检查各点间的高差，以保证水准点的稳定性。

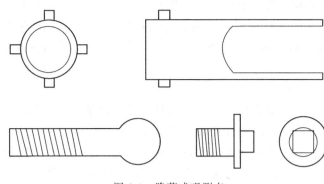

图 8-3　隐蔽式观测点

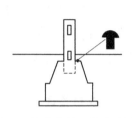

图 8-4　钢筋混凝土基础观测点

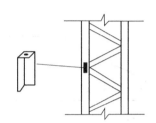

图 8-5　钢柱观测点

② 对埋设地点的要求　水准点应埋设在施工建筑的应力影响范围之外，不受打桩、机械施工和开挖等操作的影响。

③ 对点的稳定性要求　应根据土质情况和在了解建筑物预计沉降量的情况下，选择水准点的形式。对于稳定的原状土层，一般可选用混凝土普通标石，也可以将标志镶嵌在裸露的基岩上。若受条件限制，在变形区内也可埋设深层钢管标志等。

8.1.2　沉降观测

（1）沉降观测的时间及次数　应根据建筑工程的性质、地基的土质、工程进度与荷载增加情况等确定，按施工说明中提出的有关要求进行。

施工期间，在荷载增加前后，如基础浇筑、回填土、柱子安装、屋架安装、设备安装、烟囱高度增加等，均可按工程具体情况与需要进行沉降观测。如施工期间中途停工时间较长，应在停工时和复工前进行观测。遇到当基础附近地面荷载突然增加，周围大面积积水或暴雨，周围大量挖方等可能导致沉降发生的情况时均应观测。

建筑物投入使用后，可按沉降速度参照表 8-1 所列观测周期，定期进行观测，直到每日沉降量小于 0.01mm 时停止。

表 8-1　沉降观测周期

沉降速度/（mm/日）	观测周期	沉降速度/（mm/日）	观测周期
＞0.3	半个月	0.02～0.05	六个月
0.1～0.3	一个月	0.01～0.02	一年
0.05～0.1	三个月	＜0.01	停止

（2）沉降观测的方法　在观测点和水准点埋设完毕并稳定后，进行观测前应到现场，根据水准点的位置与观测点布设情况，详细拟定观测路线、仪器架设位置、转点位置。要在既

考虑观测距离又顾及后视、前视距相等的原则下，合理地观测全部观测点。

对于一般精度要求的沉降观测，采用 DS_3 水准仪，以三等水准测量的方法进行观测。对于大型的重要建筑或高层建筑，需采用 DS_1 精密水准仪，按精密水准测量的方法进行观测。

观测过程中应重视第一次观测的成果，因为首次观测的高程是以后各次观测用以比较的依据；若初测精度低，会造成后续观测数据上的矛盾。为保证初测精度，应进行两次观测，每次均布设成闭合水准路线，以闭合差来评定观测精度。

（3）沉降观测的精度　为保证沉降观测的精度，减小仪器工具、设站等方面的误差，一般采用同一台仪器、同一根标尺，每次在固定位置架设仪器，固定观测几个观测点和固定转点位置，同时应注意使前、后视距相等，以减小 i 角误差的影响。

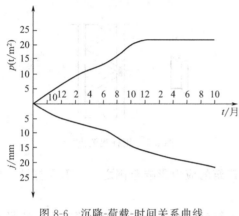

图 8-6　沉降-荷载-时间关系曲线

沉降观测时，从水准点开始，组成闭合或附合路线逐点观测。对于重要建筑物、高层建筑物，闭合差不得大于 $\pm 1.0\sqrt{n}$ mm，对于一般建筑物，沉降观测闭合差不得大于 $\pm 2.0\sqrt{n}$ mm（n 为测站数）。

8.1.3　沉降观测的成果整理

每次观测完毕后，应及时检查手簿；精度合格后，调整闭合差，推算各点的高程，与上次所测高程进行比较，计算出本次沉降量及累计沉降量，并将观测日期、荷载情况填入观测成果表中，提交有关部门。

全部观测完成后，应汇总每次观测成果，绘制沉降-荷载-时间关系曲线，如图 8-6 所示，以横轴表示时间，以年、月或天数为单位；以纵轴的上方表示荷载的增加，以纵轴的下方表示沉降量的增加。这样可以清楚地表示出建筑物在施工过程中随时间及荷载的增加发生沉降的情况。

8.2　建筑物倾斜观测与裂缝观测

建筑物受施工中的偏差以及不均匀沉降等因素的影响，会产生倾斜；对建筑物倾斜程度进行测量的工作即倾斜测量。

裂缝观测是测定建筑物某一部位裂缝发展状况的工作。建筑物的裂缝通常与不均匀的沉降有关。因此，在裂缝观测的同时，一般需要进行沉降观测，以便进行综合分析和及时采取相应措施。

8.2.1　建筑物倾斜观测

（1）一般建筑物的倾斜观测　在观测之前，首先要在建筑物上、下部设置两点观测标志，两点应在同一竖直面内。如图 8-7 所示，M、N 为上、下观测点。如果建筑物发生倾斜，则 MN 连线随之倾斜。观测时，在离建筑物约大于建筑物高度处安置经纬仪，照准上部观测点 M，用盘左、盘右分中法向下投点得 N' 点，如 N' 和 N 点不重合，则说明建筑物产生倾斜，N' 和 N 之间的水平距离 a 即为建筑物的倾斜值。若建筑物的高度为 H，则建筑

物的倾斜度为

$$i = \frac{a}{H} \tag{8-1}$$

高层建筑物和构筑物的倾斜观测，应分别在相互垂直的两个墙面上进行。如图 8-8 所示，图中 a、b 为建筑物分别沿相互垂直的两个墙面方向的倾斜值，则两个方向的总倾斜值为

$$c = \sqrt{a^2 + b^2} \tag{8-2}$$

建筑物的总倾斜度为

$$i = \frac{c}{H} \tag{8-3}$$

c 的倾斜方向与 a 的方向的夹角为

$$\theta = \arctan \frac{b}{a} \tag{8-4}$$

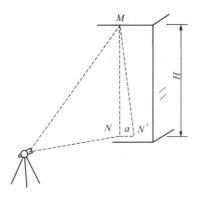

图 8-7　方体建筑物倾斜观测

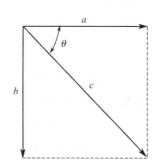

图 8-8　方体建筑物倾斜量

（2）圆形建筑物的倾斜观测　对圆形建筑物和构筑物（如烟囱、水塔等）的倾斜观测，是在相互垂直的两个方向上测定其顶部中心对底部中心的偏心距，该偏心距即为建（构）筑物的倾斜值。现以烟囱为例，介绍倾斜观测的一般方法。

在靠近烟囱底部所选定的方向横放一根标尺（或钢尺）。如图 8-9 所示，安置经纬仪于标尺的中垂线方向上，距烟囱的距离应大于烟囱的高度。用望远镜分别将烟囱顶部边缘两点 A、A' 及底部边缘两点 B、B' 投到标尺上，设其读数分别为 x_2、x_2' 及 x_1、x_1'，如图 8-10 所示。则烟囱顶部中心 O 对底部中心 O' 在 x 方向上的偏心距为

$$\delta_x = \frac{x_1 + x_1'}{2} - \frac{x_2 + x_2'}{2} \tag{8-5}$$

同法再将经纬仪与标尺安置于烟囱的另一垂直方向上，测得烟囱顶部和底部边缘在标尺上投点的读数分别为 y_1、y_1' 及 y_2、y_2'。则在 y 方向上偏心距为

$$\delta_y = \frac{y_1 + y_1'}{2} - \frac{y_2 + y_2'}{2} \tag{8-6}$$

烟囱顶部中心 O' 对底部中心 O 的总偏心距为

$$\delta = \sqrt{\delta_x^2 + \delta_y^2} \tag{8-7}$$

烟囱的倾斜度为

$$i = \frac{\delta}{H} \tag{8-8}$$

式中 H——烟囱的高度。

烟囱的倾斜方向为

$$\alpha_{O'O} = \arctan \frac{\delta_y}{\delta_x} \tag{8-9}$$

式中 $\alpha_{O'O}$——以 x 轴作为标准方向的坐标方位角。

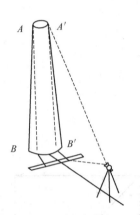

图 8-9 圆形建筑物倾斜观测

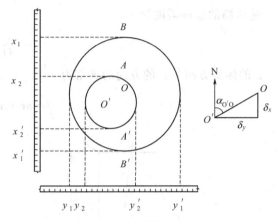

图 8-10 圆形建筑物倾斜量

8.2.2 建筑物的裂缝观测

建筑物发生裂缝时，应立即进行观测，了解其现状并掌握其发展情况，并报据观测所得到的资料分析裂缝产生的原因和它对建筑物安全的影响程度，及时采取有效措施加以处理。

（1）裂缝观测的准备工作 裂缝观测前应对裂缝进行编号，如图 8-11 所示。

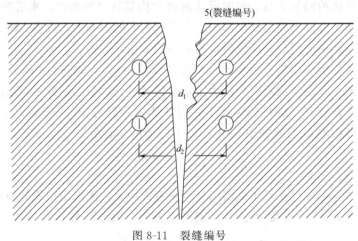

图 8-11 裂缝编号

（2）裂缝观测的方法 编号完成后，应对建筑物裂缝的长度、走向、宽度及深度分别进行观测，可在裂缝的两端用油漆画线作为标志，或在混凝土表面绘制方格坐标，用钢尺丈量。

对重要的裂缝，可以选择在有代表性的位置埋设标点，即在裂缝两侧的混凝土表面各埋一根直径为 20mm、长约 60mm 的金属棒，埋入混凝土中约 40mm 深，两侧标志距离不得小于 150mm。用游标卡尺定期对两标志间距离进行测定，以此掌握裂缝的发展情况。见图 8-11。

裂缝观测的次数应视裂缝的发展情况而定，在建筑物发生裂缝的初期应每天观测一次，在裂缝有显著发展时应增加观测次数，经过长期观测判明裂缝已不再发展时方可停止观测。

（3）裂缝观测的成果整理　观测完毕后，应汇总观测成果，成果中应包括如下内容。

① 裂缝分布图，将裂缝画在建筑结构图上并标明位置及编号。

② 对重要的裂缝应绘制大比例尺平面图并在图上注明观测成果，将重要的成果在同一图上注明以进行比较。

③ 裂缝的发展过程图。

8.3　建筑物位移观测

建筑物受荷载增加、地面下沉和温度变化等因素的综合影响，会产生位移，包括垂直位移与水平位移。建筑物的垂直位移观测是测定基础和建筑物本身在垂直方向上的位移，即沉降观测，其相关内容已经介绍过，这一节主要介绍建筑物水平位移观测的方法。

8.3.1　观测点或工作基点的确定

（1）觇标的选用　觇标的样式对变形测量照准精度的影响很大，所以应根据实际情况选用最佳觇标。

变形测量的特点是精度要求高，视线长度变化大，所以选用的觇标形状、图案、色彩、光泽应适宜。具体要求如下：

① 首先应确定采用双丝照准或单丝照准。在边长变化悬殊的情况下，用单丝照准将产生较大的照准误差。单丝照准只有在单丝宽度与标志中心轴宽度相等时才具有较高的精度。

② 从外业观测实践可知，保证有足够的反差使觇标的标心界线明晰，是保证观测精度的重要条件。从人眼的感光灵敏度来说，采用黄绿色觇标为佳。

③ 为了保证足够的精度，觇标必须有足够的亮度。

④ 觇标的宽度要适中。

观测时应根据不同视线长度选用不同宽度标志的觇标。觇标的种类很多，基本上可分为固定式觇标和活动式觇标两大类。可根据上述原则自制觇标，也可根据需要选购。

（2）观测墩　观测墩是大坝变形测量的基础，所以观测墩的质量直接影响观测资料的可靠性。为保证点位稳定，坚固耐用，便与长久使用，如图 8-12 所示，建造观测墩时应注意以下几点。

① 各类标墩的底板必须埋设在最大冻土层以下 0.5m 处，有条件的最好直接浇筑在基岩上，以确保其稳定。

② 如果采用混凝土观测墩必须适当配置钢筋。

③ 为了避免折光影响，观测墩高度需大于 0.8m，且远离建筑物。

④ 选用预埋仪器和觇标通用的强制对中器。

⑤ 严格掌握施工质量。

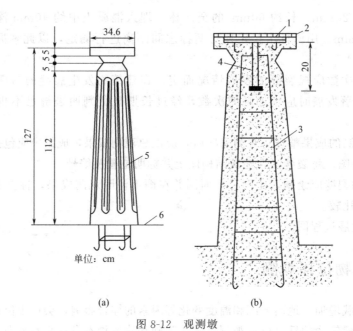

单位: cm

图 8-12　观测墩

1—保护盖；2—强制对中器；3—钢筋；4—16mm 点芯；5—标墩外表；6—混凝土基础面

8.3.2　建筑物位移观测

建筑物位移观测主要包括以下几种方法。

（1）基准线法　其基本原理是以通过建筑物的轴线或平行于建筑物轴线的固定不变的铅直平面为基准面，通过测定仪器到观测点连线与基准线之间的偏离值来确定建筑物的位移程度。若采用经纬仪观测，以经纬仪的视准面为基准面，则可称为视准线法。

如图 8-13 所示，A、B 为在某坝两端所选定的基准线端点，在 A 点安置经纬仪，B 点安置固定标志，则仪器中心与固定标志中心构成铅直平面 P，此平面即是基准面。

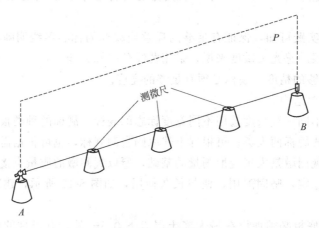

测微尺

图 8-13　基准线法

（2）引张线法　适用于直线型混凝土大坝坝体的水平位移观测，其原理是在坝体廊道内，用一根拉紧的不锈钢丝建立基准面来测定观测点的偏离值，从而得出建筑物的水平位移值。此法的优点是不受旁折光的影响。

（3）导线法　对于直线型建筑物的水平位移观测，基准线法具有速度快、精度高的优点，但对于非直线型建筑物，如拱坝、曲线型桥梁及一些高层建筑物的位移观测基准线法则不及导线法。

在位移观测中布设的导线，是两端不测定向角的导线。可以在建筑物的适当位置与高度上布设，其边长根据现场的实际情况确定。通过多次观测导线上各边边长、转折角并计算各观测点坐标，经过比较，可以确定建筑物上某观测点在两个方向上的位移，即在水平面内的位移。

（4）非固定站差分法　差分即求同测站的点的坐标差，一般是相邻点求差分。图 8-14 中 A、B 为基准点，全站仪任意设置于 P 点，对于基准点来说，其基础差分值为（Δx_0，Δy_0），其观测差分值为（ΔA_0，ΔB_0），则有

$$\begin{cases}\Delta A_0 = D\cos\alpha_1\\\Delta B_0 = D\sin\alpha_1\end{cases} \qquad \begin{cases}\Delta x_0 = D\cos\alpha_2\\\Delta y_0 = D\sin\alpha_2\end{cases}$$

$$\begin{cases}\cos\beta = \cos(\alpha_1 - \alpha_2)\\\sin\beta = \sin(\alpha_1 - \alpha_2)\end{cases}$$

$$\begin{pmatrix}\cos\beta\\\sin\beta\end{pmatrix} = \frac{1}{D^2}\begin{pmatrix}\Delta A_0 & \Delta B_0\\\Delta B_0 & -\Delta A_0\end{pmatrix}\begin{pmatrix}\Delta x_0\\\Delta y_0\end{pmatrix} \tag{8-10}$$

式中　β——两坐标系夹角；

　　　D——两控制点之间的水平距离。

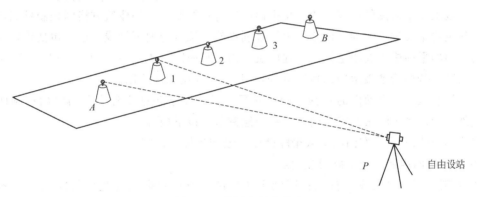

图 8-14　非固定站差分法

其他点对应的基础差分值为

$$\begin{pmatrix}\Delta x\\\Delta y\end{pmatrix} = \begin{pmatrix}\cos\beta & \sin\beta\\-\sin\beta & \cos\beta\end{pmatrix}\begin{pmatrix}\Delta A\\\Delta B\end{pmatrix} \tag{8-11}$$

由上式的基础差分值和基准点的坐标（x, y）可以计算其他点本次观测的坐标，通过各次坐标值的比较观测建筑物位移。非固定站差分法适用于无法固定设站的场所，如深基坑监测。

8.4 竣工总平面图编绘

8.4.1 竣工测量

竣工测量指在各项工程竣工验收时所进行的测量工作，它包括以下内容。

（1）对于一般建筑物及工业厂房，应测量房角坐标、室外高程、房屋的编号、结构层

数、面积和竣工时间、各种管线进出口的位置及高程。

（2）对于铁路和公路，应测量起止点、转折点、交叉点的坐标，道路曲线元素及挡土墙、桥涵等构筑物的位置、高程、载重量。

（3）测量地下管线的检查井、转折点的坐标及井盖、井底、沟槽和管顶等的高程，并附注管道及检查井的编号、名称、管径、管材、间距、坡度及流向等。

（4）测量架空管线的转折点、起止点、交叉点的坐标及支架间距、支架标高、基础面高程等。

竣工测量完成后，应及时提交完整的资料，包括工程名称、施工依据、施工成果，作为编绘竣工总平面图的依据。

8.4.2 竣工总平面图的编绘

（1）编绘竣工总平面图的目的

① 反映设计的变更情况 施工过程中由于发生设计时未考虑到的问题而要变更设计，这种临时变更设计的情况必须通过测量反映到竣工总平面图上。

② 提供各种设备的维修依据 竣工总平面图可以为各种设备、设施进行维修工作时提供数据。

③ 保存建筑物的历史资料 竣工总平面图可以提供原有建筑物、构筑物、地下和地上各种管线和交通路线的坐标及坐标系统、高程及高程系统等重要的历史资料。

（2）竣工总平面图的内容 竣工总平面图应包括控制点，如建筑方格网控制桩点位、水准点、建筑物平面位置、辅助设施、生活福利设施、架空与地下管线，还应包括铁路等建筑物或构筑物的平面施工放线坐标、高程以及室内外平面图。竣工总平面图一般采用 1∶1000 比例尺绘制，若要清楚表示局部地区也可采用 1∶500 比例尺绘制。

（3）绘制竣工总平面图的步骤 竣工总平面图的编绘包括室外实测与室内绘制两项工作，室外实测即竣工测量的工作内容，室内绘制包括以下内容。

① 绘制坐标方格，在图纸上或聚酯薄膜上绘制坐标方格网。

② 在方格网内展绘施工放线控制点。

③ 绘制竣工总平面图。首先在图纸上作底图，设计数据用红色铅笔绘制，工程实际情况用黑色铅笔绘制，并将坐标与高程标注于图上。黑色与红色之差，即为施工与设计之差。

④ 发现问题及时到施工现场查对。

竣工总平面图的编绘可以利用绘图软件完成，参照单元 5 的内容。

小结：本单元首先介绍了建筑物沉降、倾斜、裂缝及水平位移等变形及观测方法，之后介绍了竣工测量的内容、竣工总平面图的测量与编绘。

能力训练 变形观测能力评价

（1）能力目标 能根据现场和仪器工具条件选择适宜的建筑物变形观测方法；能在辅助人员的配合下现场完成建筑物变形观测工作，并能独立完成沉降观测成果整理并绘制沉降曲线。

（2）考核项目（工作任务） 根据已有条件，以个人为单位，用水准仪在现场完成以一个矩形建筑物四个角点作为沉降点的沉降观测工作后，根据已知的该沉降点的历次沉降观测所计算的点位高程和本次测算点位高程进行整理，计算各次和累计沉降量并绘制沉降观测曲线。

（3）考核环境　场地和仪器工具准备：在一水准基点附近选一个四个角点设有沉降点的矩形建筑物，以水准基点与四个沉降点为闭合水准路线进行三级水准观测，由另外两位同学配合，利用水准仪完成一个矩形房屋沉降点的观测任务并绘制沉降观测曲线。水准仪一套，黑红面水准尺一把，木桩若干，铁锤一把。

（4）考核时间　一个人的操作和绘制沉降观测曲线需要在 40min 内完成。

（5）评价方法　以三人为一组进行考核，一人为主，利用水准仪进行建筑物沉降点观测，另外两人司尺，配合操作者完成作业。检核满足规范要求，根据所用时间、仪器的操作熟练程度、三人的配合默契程度、水准路线观测精度、观测资料整理和绘制的沉降观测曲线等综合评定成绩。

（6）评价标准及评价记录表　见表 8-2。

表 8-2　建筑物变形观测能力评价考核记录

班级：＿＿＿＿＿＿＿　　　组别：第＿＿＿＿组　　　考核教师：＿＿＿＿＿＿＿

观测员（考核人）：＿＿＿＿＿＿＿　　　配合操作员：＿＿＿＿＿＿＿

控制点：＿＿＿＿＿＿＿　　日期：＿＿＿＿＿＿＿　　仪器：＿＿＿＿＿＿＿

开始时间：＿＿＿＿＿＿＿　　　完成时间：＿＿＿＿＿＿＿

考核项目	考核指标	配分	评分标准及要求	得分	备注
建筑物沉降观测	方法正确及步骤合理程度	10	能根据现场和仪器工具条件选择适宜的水准路线和观测方法，操作步骤合理规范，否则按具体情况扣分		
	水准仪的安置和观测熟练程度	5	每站安置仪器前后距离差应小于 2m，黑红面读数差小于 2mm，安置熟练，否则根据情况扣分		
	读数、记录	5	读数、记录正确规范，否则按具体情况扣分		
	闭合水准路线精度	10	闭合精度在 $12\sqrt{L}$ mm 以内（L 为闭合水准路线长，单位 km），点位高程计算准确，否则按具体情况扣分		
	整理计算	15	根据已知的历次沉降观测所计算的点位高程和本次测算点位高程进行整理，计算各次和累计沉降量准确，否则按具体情况扣分		
	绘制沉降曲线	15	根据所计算沉降量和已知荷载、时间绘制沉降观测的时间与沉降量及荷载的关系曲线		
	协作者得分	5	配合默契，动作正确规范，否则按具体情况扣分		
	时间	20	按规定时间内完成，30min 内为满分；31～35min 得 15 分；35～40min 得 10 分；超过 40min 得 0 分		
	其他能力：学习、沟通、分析问题、解决问题的能力等	5	由考核教师根据学生表现酌情给分		
	仪器、设备使用维护是否合理、安全及其他	10	工作态度端正，仪器使用维护到位，文明作业，无不安全事件发生，否则按具体情况扣分		
考核结果与评价	考评评分合计				
	考评综合等级				
	综合评价：				

思考与练习

1. 简述变形观测的作用。
2. 水准仪沉降观测有什么特点？
3. 简述倾斜观测的方法、步骤。
4. 利用水准仪完成指定建筑的沉降观测，提交观测资料，总结观测结果。
5. 简述竣工测量的作用。
6. 如何测绘竣工总平面图？
7. 简述竣工图和设计图的关系。

单元 ⑨

测绘新技术在工程测量中的应用

知识目标

- 了解测绘新技术
- 理解测绘新技术的工作原理或工作方法以及在工程测量中的具体应用
- 掌握测绘新技术具体应用的工作流程以及相关的技术规范

能力目标

- 能操作与测绘新技术相关的仪器设备
- 能利用测绘新技术完成简单的具体任务
- 能处理相关的测量数据

引　子

科技进步不断推动测绘行业的发展，也给工程测量带来新的技术与工艺。具体应用有哪些呢？这是本单元要介绍的内容。

9.1 GNSS RTK 技术细化与应用

GNSS RTK 技术的基础知识和系统构成在单元 4 已经介绍，本部分以介绍应用为主。以使用较多的南方测绘仪器有限公司的工程之星软件为例，对采用 RTK 进行点位测量、控制测量、放样的操作做简单介绍。

9.1.1 RTK 用于点位测量

点位测量操作方法：选取"测量"→"点测量"，进入点测量界面。如图 9-1 所示。在测量显示界面下面有 4 个显示按钮，在工程之星 3.0 里面，这些按钮的显示顺序和显示内容是可以根据自己的需要来设置的，而测量的存储坐标是不会改变的。单击显示按钮，左边会出现选择框，选择需要选择显示的内容。例如需要在第一排第二个显示东坐标，点击第二个显示按钮，如图 9-2 所示。这里能够显示的内容主要有点名、北坐标、东坐标、高程、天线高、航向和速度。

在点测量的测量界面最下面有 6 个按钮（图 9-1），前 5 个按钮都有两项功能，按"⬆"可以改变。点击 🔍 对窗口显示内容进行缩小，点击 🔍 对窗口显示内容进行放大，点击 🔍

对窗口显示内容全部显示，点击 🔍 对窗口显示内容局部显示或放大，点击 ✋ 对窗口显示内容进行移动。

图 9-1　点测量

图 9-2　显示选择

以上 5 项，当点击了右边的【图形】按钮，显示界面为图形界面的时候功能一样。点击 ⬆ 会出现另外 5 个菜单。保存 为保存按钮，对当前点进行储存，与按【A】键存储一样的效果；偏移 为偏移存储；平滑 为平滑存储，设置平滑存储次数；查看 为查看已测量的点，选项 为选项按钮，用于修改屏幕缩放方式，有自动和手动两种方式；点击 图形，进入图形显示界面，包括以下几个子选项；撤销 为撤销上一步操作，重复 为重复上一步操作；设置 主要是图形的显示设置，查看 为查看菜单，主要查看和编辑测量点，选项 主要是设置撤销重复的步长。

按【A】键，存储当前点坐标，输入天线高，如图 9-3 所示。继续存点时，点名将自动累加；例如在图 9-3 的界面中可以看到高程值为"−3.532"，这里看到的高程为天线相位中心的高程，当这个点保存到坐标管理库里以后软件会自动减去 2m 的天线杆高，再打开坐标管理库看到的该点的高程即为测量点的实际高程，如图 9-4 所示。连续按两次【B】键，可以查看已测量坐标。点击 平滑 可以对平滑存储进行设置，进入如图 9-5 所示界面。

在"配置-工程设置-存储"里把存储类型设为平滑存储，就可以在此点"测量"时，进行平滑存储了，如图 9-6 所示。

9.1.2　RTK 用于控制测量

目前 RTK 技术可应用于一、二级导线、图根导线测量和图根高程测量。由于 RTK 数据有一定的偶然性，所以做了控制点测量这一功能，提高数据的可靠性。

操作方法：选取"测量"→"控制点测量"，进入如图 9-7 所示的控制点测量界面。

图 9-3　点存储

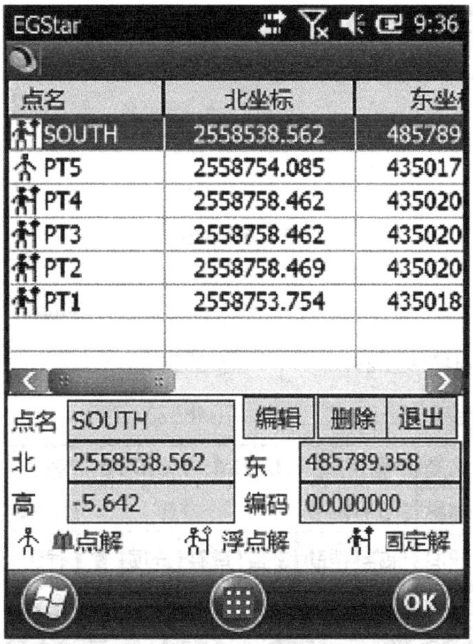

图 9-4　坐标查看

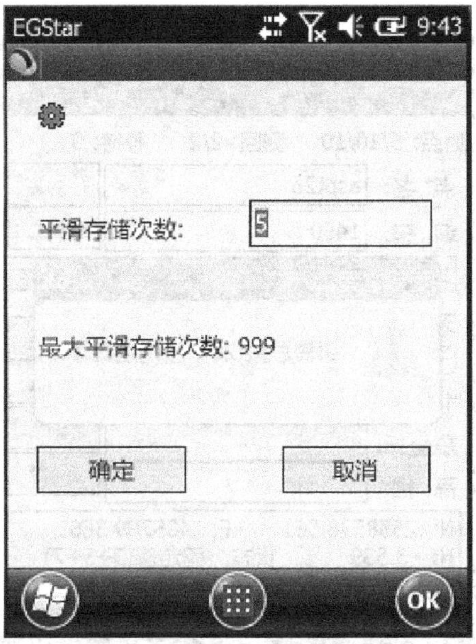

图 9-5　平滑存储设置

图 9-6　平滑存储

　　点击【设置】对控制点测量进行参数设置，如图 9-8 所示，各参数说明点击帮助查看，如图 9-9 所示；并进行控制点信息采集（图 9-10），将报告存储（图 9-11），生成控制点测量报告（图 9-12）。

图 9-7　控制点测量

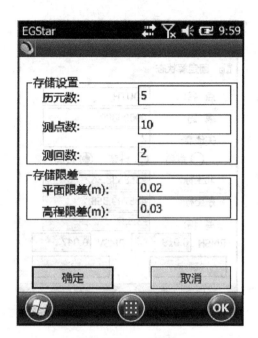

图 9-8　控制点测量设置

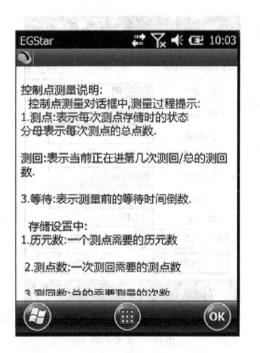

图 9-9　帮助查看

图 9-10　控制点信息采集

图 9-13 为报告成果。

报告中按正态分布将采集的点取四个作为最后的结果。

图 9-11　报告存储

GPS控制点平面坐标

点名	序号	外业观测数	
		北坐标X(m)	东坐标Y(m)
aspt27	1_9	2558538.559	485789.360
	2_2	2558538.558	485789.359
	2_7	2558538.559	485789.361
	1_10	2558538.560	485789.358

GPS控制点WGS84坐标

点名	序号	外业观测数	
		纬度B	经度L
aspt27	1_9	023:07:35.9834	113:21:56.12
	2_2	023:07:35.9833	113:21:56.12
	2_7	023:07:35.9834	113:21:56.12
	1_10	023:07:35.9834	113:21:56.12

采集数据

图 9-12　控制点测量报告

GPS控制点测量报告(V2014)

控制点名：**aspt27**

本次控制点测量测点合格率为： 75 %

天线高：2.11m

观测时间：211s

GPS控制点平面坐标

点名	序号	外业观测数据			坐标均值		
		北坐标X(m)	东坐标Y(m)	高程(m)	北坐标X(m)	东坐标Y(m)	高程(m)
aspt27	1_9	2558538.559	485789.360	-5.647	2558538.559	485789.360	-5.651
	2_2	2558538.558	485789.359	-5.650			
	2_7	2558538.559	485789.361	-5.665			
	1_10	2558538.560	485789.358	-5.643			

GPS控制点WGS84坐标

点名	序号	外业观测数据			坐标均值		
		纬度B	经度L	椭球高H(m)	纬度B	经度L	椭球高H(m)
aspt27	1_9	023:07:35.9834	113:21:56.1279	26.079	023:07:35.9834	113:21:56.1279	26.075
	2_2	023:07:35.9833	113:21:56.1279	26.076			
	2_7	023:07:35.9834	113:21:56.1280	26.061			
	1_10	023:07:35.9834	113:21:56.1279	26.083			

图 9-13　控制点测量报告成果

9.1.3　RTK 用于放样

（1）点放样　操作方法：选取"测量"→"点放样"，进入放样界面（图 9-14）。

点击【目标】按钮，打开放样点坐标库，如图 9-15 所示。在放样点坐标库中点击【文件】按钮，导入需要放样的点坐标文件并选择放样点（如果坐标管理库中没有显示出坐标，点击【过滤】按钮看是否由于需要的点类型没有勾选上）或点击【增加】直接输入放样点坐标，确定后进入放样指示界面（图 9-16）。放样界面显示了当前点（⊗）与目标点（✖）之间的距离为 0.009m，偏北 0.006m，偏东 0.007m，根据提示进行移动放样。

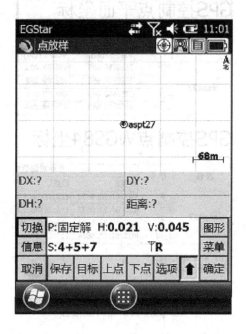

图 9-14　点放样屏幕

图 9-15　坐标管理库中选待放样点的坐标

在放样过程中，当前点移动到离目标点距离 1m 以内时（提示范围的设定值可以点击【选项】按钮进入点放样选项里面进行设置），软件会进入局部精确放样界面；同时软件会给控制器发出声音提示指令，控制器会有"嘟"的一声长鸣音提示，点击【选项】按钮出现如图 9-16 所示点放样选项界面，可以根据需要选择或输入相关参数。在放样界面（图 9-17）下还可以同时进行测量，按下保存键【A】按钮即可存储当前点坐标。

图 9-16　点放样指示界面

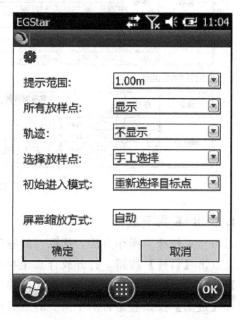

图 9-17　放样点的提示设置

在点位放样时，如需选择与当前点相连的点放样时，可以不用进入放样点库。点击【上点】或【下点】根据提示选择即可（如图 9-18、图 9-19 所示）。

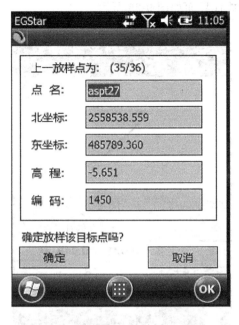
图 9-18 放样上一点

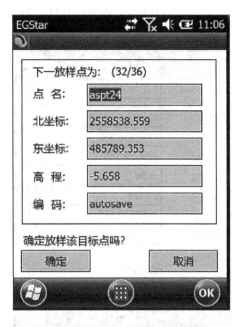
图 9-19 放样下一点

（2）直线放样 操作方法：选取"测量"→"直线放样"，进入放样界面（图 9-20）。点击【目标】，打开线放样坐标库（图 9-21），放样坐标库的库文件为 *.lnb，如果有已经编辑好的线放样文件，选择要放样的线，点击【确定】按钮即可。如果线放样坐标库中没有线放样文件，点击【增加】，输入线的起点和终点坐标就可以在线放样坐标库中生成线放样文件，如图 9-22 所示。

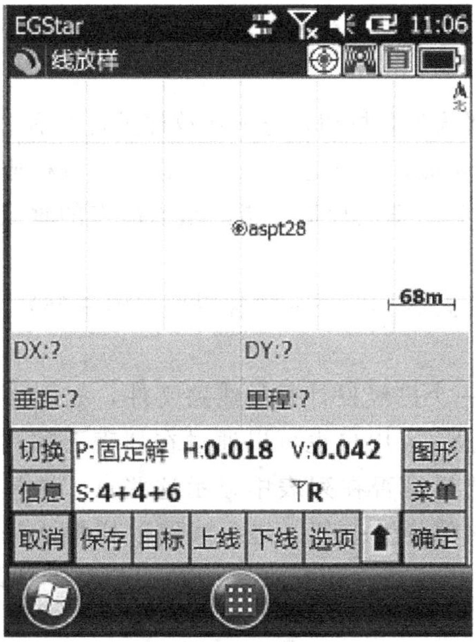

图 9-20 线放样屏幕

图 9-21 线放样坐标库

如果需要里程信息的话,在图 9-22 中可以输入起点里程,这样在放样时就可以实时显示出当前位置的里程(这里里程的意思是从当前点向直线作垂线,垂足点的里程)。在线放样坐标库中增加线之后选择放样线,确定后出现线放样界面如图 9-23 所示。

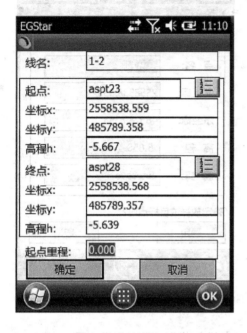

图 9-22 放样线的编辑

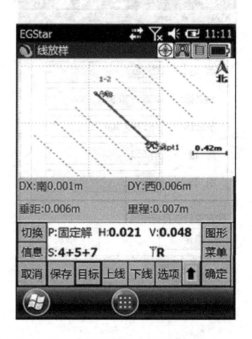

图 9-23 线放样显示界面

在线放样界面中,包含当前点偏离直线的距离、起点距、终点距和当前点的里程等信息(显示内容可以点击显示按钮,会出现很多可以显示的选项,选择需要显示的选项即可),其中偏离距中的左、右方向的依据是当人沿着从起点到终点的方向行走时,在前进方向的左边、右边;偏离距的距离则是当前点到线上垂足的距离。起点距和终点距有两种显示方式,一种是当前点的垂足到起点或终点的距离,另一种是指的是当前点到起点或终点的距离。当前点的垂足不在线段上时,显示当前点在直线外。

线放样界面中的虚线显示是可以设置的,点击【选项】按钮,进入线放样设置对话框如图 9-24 所示。线放样设置和点放样设置的方法基本相似,同样也可以不用进入线放样坐标库,点击【上线】或【下线】根据提示选择(图 9-25)。整里程提示指的是当前点的垂足移动到所选择的整里程时会有提示音。

(3)道路放样 操作方法:选取"测量"→"道路放样"进入放样界面(图 9-26)。进行道路放样之前,需要进行道路设计。

点击【目标】按钮,通过【打开】按钮,选择一个已经设计好的线路文件,如图 9-27 所示。列表中显示设计文件中的所有的点(默认设置),用户也可以通过在列表下的"标志点"、"加桩点"、"计算点"的对话框中打钩来选择是否在列表中显示这些点。选择要放样的点,如果要进行整个线路放样,就按【道路放样】按钮,进入线路放样模式进行放样;如果要对某个标志点或加桩点进行放样,就按【点放样】按钮,进入点放样模式;如果要对某个中桩的横断面放样,就按【断面放样】。以下介绍道路放样模式和断面放样模式。

建筑工程测量

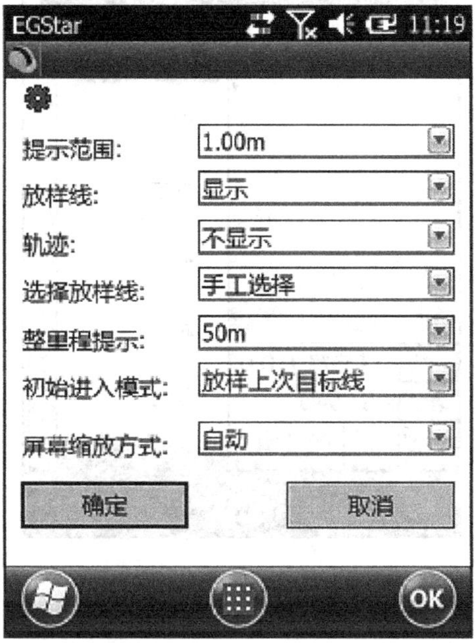

图 9-24　线放样的设置

图 9-25　线放样放样下一线

图 9-26　道路放样主界面

图 9-27　线路上各点的坐标

　　在放线库中调入设计文件选择进行道路放样以后放样界面如图 9-28 所示。显示的内容可以点击【显示】按钮来选择（见图 9-29）。

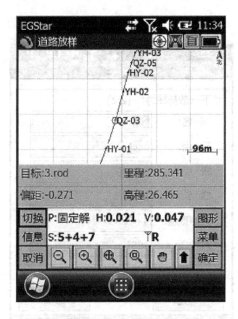

图 9-28 道路放样界面

图 9-29 显示选择

道路放样实际上是点放样的线路表现形式，即在点放样时以设计的线路图为底图，实时的显示当前点在线路上的映射点（当前点距线路上距离最近的点）的里程和前进方向的左或右偏距。在图 9-28 中会显示整个线路和当前测量点，并实时计算当前点是否在线路范围内。如果在线路范围内。就计算出到该线路的最近距离和该点在线路上的映射点的里程；如果不在线路范围内，也会有相应的提示。

在线路放样中设计了加桩计算工具，操作如下。按【加桩】按钮，进入计算加桩和偏距对话框，如图 9-30 所示。

① 加桩计算：选择"加桩计算"，然后输入加桩点点名和加桩点里程。有时候可能需要输入偏距（左"－"右"＋"，"＋"可不输入），按【计算】按钮可计算出加桩点的坐标（见图 9-31），并将该加桩点存入记录加桩的数据文件中。

② 偏距计算：选择"偏距计算"，然后输入北坐标 x 和东坐标 y，按【计算】按钮就计

![图 9-30 加桩与偏距界面]

图 9-30 加桩与偏距界面

算出该坐标点对应于该线路上的里程和偏距（见图 9-32），如果不在范围内就给出提示。

1) 横断面放样模式 首先在"道路放样-逐桩点库"里选择要放样的横断面上的点，点击【断面放样】按钮，如图 9-33 所示，放样的是中桩里程为 150 的横断面。图 9-34 中的直线段就是该横断面的法线延长线，这样就可以非常方便地放样这个横断面上的点。这里的主要参数有垂距和偏距，垂距指的是当前点到横断面法线的距离，偏距是当前点到线路的最近

图 9-31　加桩点坐标信息

图 9-32　偏距计算

距离。根据实际情况到线路高程变化的地方采集坐标即可。

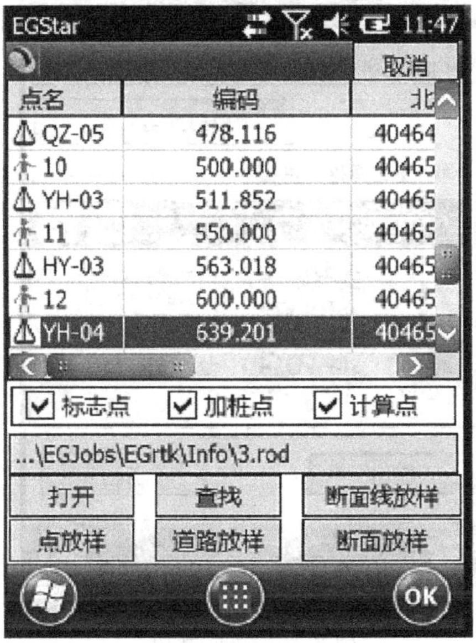

图 9-33　断面选择

图 9-34　断面放样

　　需注意的是线路放样的断面输出，需要在此处横断面放样的界面下采集的文件才能进行相关的转换。

　　2）线路放样参数设置　点击【选项】按钮，出现如图 9-35 所示对话框。"显示"设置上，主要是设置工作界面上显示的内容，可以设置显示道路的标志点和加桩点。"横断面法线长"：设置横断面法线延长线的长度，默认值是 50m。"里程限制"：用来设置放样的起始里程和终点里程，如果当前点不在此范围内时，不会计算偏距和里程，会提示不在线路范围内；里程限制功能主要应用在线路弯角比较大的地方，有的时候会把当前点投影到线路转角

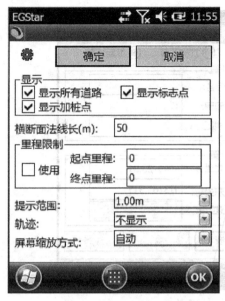

图 9-35　线路放样参数设置

的另一边，此时可以通过里程限制进行区域选择。最后还有一个屏幕缩放方式，指的是屏幕的刷新。由于在测量中每一秒钟有一个数据过来，屏幕就会刷新一次，有时会不太方便观看，可以选用"手工"来自己控制显示界面上显示的内容。

在线路放样功能界面下，既可以放样，同时也可以进行纵横断面的测量。横断面的测量可以在断面放样中完成，纵断面测量只要保持在线路上测量就可以进行。纵横断面测量之后，需要进行格式转换才能得到常用的格式，具体界面如图 9-36 所示。首先点击放样界面下的"成果"菜单，选择横断面成果输出；然后点击上面的【打开测量文件】，选择测量文件，根据需要选择纬地或者天正这两种格式；完成后点击下面的【输出】按钮，转换成功后如图 9-37 所示。转换完成后会在相应的文件夹下生成 ∗.hdm，即横断面文件。

图 9-36　成果输出

图 9-37　转换成功

3）排序　在测量横断面上的点时，不一定会按照由远到近或者由近到远的顺序进行；在输出成果的时候选择了"排序"（图 9-36）之后就会按距离中桩的远近进行排序，如果不选就会按照实际测量的顺序进行转换。

天正格式与纬地格式的主要区别就是在输出的点的高程上。纬地格式是高差，这里的高差可以有两种方式：相对于前一点的高差和相当于中桩的高差；天正格式输出的是直接测量的高程。

4）偏距与中桩阈值的设置　限制多大范围内为同一中桩，多大范围内为同一断面。

9.2 地下管线探测

9.2.1 地下管线探测简介

地下管线探测的目的是及时动态更新基础地形图及基础数据库,有效保证基础地形图和城市地下管线资料的现势性,及时反映城市的地貌、地物及地下管线变化情况。地下管线探测是基础测绘的重要工作,为促进城市发展、推进城市数字化进程提供有力保障。

9.2.2 地下管线探测一般规定

地下管线探测的对象包括埋设于地下的给水、污水、雨水、煤气、电力、电信、工业管道。各类探测的管线是指城市公用部分(凡有道路名称的地下管线均在探测范围内),具体的地下管线探测内容有:

(1)地下管线探查:地下管线的平面位置、走向、埋深、埋设方式、规格、性质、材质、数目、权属等。

(2)地下管线测量:地下管线点的平面坐标和高程。

(3)地下管线数据库:管线点成果数据,管线成果数据。

地下管线探测工程开工前,需到管线权属单位收集资料,将收集到的资料与1:1000比例尺的综合管线图进行对比。若发现原测管线图有明显的错误时,应在图上标出,到实地核实后改正,并记录在技术总结中。依据1:1000比例尺的综合管线图,实地仔细巡查道路上新增管线和改建管线的位置,例如查看有无新增管线的井位、消火栓、出入地电杆,查看道路上是否有翻修过的痕迹,用管线仪做横断面扫描。通过对这些资料进行分析,确定需要进行地下管线探测的范围。在具体的探测过程中,还应注意以下细节:

(1)在探测管线取舍范围内的管线,穿过施工区或水域且点位无法探定时,应在相应记录和管线点成果表中注明原因,管线图直接绘制连接关系。

(2)地下管线端点应在记录和成果表"备注栏"内交代清楚去向。

(3)裸露管道埋深量测,管顶至地面的距离取负值;消火栓、电话亭、交接箱、变电器、出入地电杆埋深均取为"0"值;过桥或过水渠的管埋深也取为"0"值,高程施测管顶高程;对过路的电力、电信管线,两出入地点间至少应加测一个隐蔽点,以反映电力、电信管线埋入地下的真实情况。

探测管线种类和取舍标准按表9-1执行。

表 9-1　探测管线种类和取舍标准

管线种类		取舍标准	备注
排水	雨水(Y)	方沟断面≥400mm×400mm 雨水管径≥300mm	方沟只调查有盖板的
	污水(W)	污水管管径≥200mm	
给水(J)		管内径≥100mm	
燃气(R)		全测	
电力(L)		电压>380V	
电信(D)		全测	
工业管道(G)		全测	

在进行地下管线调查和探查时，要求实地填写管线点调查/探测手簿。手簿填写应规范、整洁、统一，禁止描改和擦改，严禁转抄记录；并以 1：1000 比例尺图幅按给水、污水、雨水、煤气、电力、电信、工业管道顺序装订成册。

9.2.3　地下管线探测工作流程

地下管线探测工作流程见图 9-38。

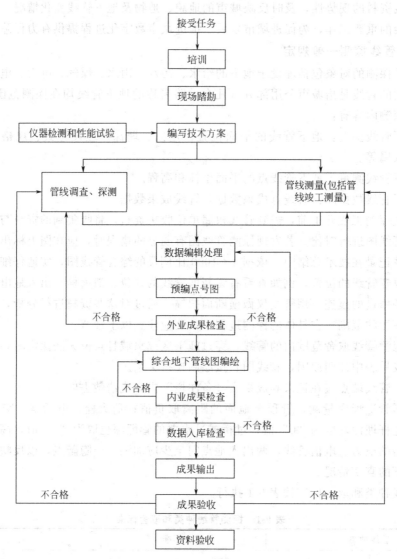

图 9-38　地下管线探测工作流程图

9.2.4　管线的探测方法

（1）探测管线应遵循的原则

1）从已知到未知　不论采用何种物探方法，均应在测区内已知管线敷设的地方做方法试验，确定该种技术方法和仪器设备的有效性，检核探查精度，确定有关参数，然后推广到未知区开展探查工作。对方法试验所取得的数据均应记录在册。

2）从简单到复杂　在一个测区开展探查工作时，应首先选择管线少、干扰小、条件比较简单的区域开展工作，然后逐步推进相对条件复杂的地区的工作。

3）方法有效、快速、轻便　如果有多种方法可以选择来探查本测区的地下管线，应首先选择效果好、轻便、快捷、安全和成本低的方法。

4）复杂条件下应采用综合方法，具备开挖条件的应开挖验证。在管线分布相对复杂的地区，用单一的技术方法往往不能或难于辨别管线的敷设情况；应根据其复杂程度采用适当的综合物探方法，以提高对管线的分辨率，条件允许时可以开挖验证，提高探测结果的可靠程度。

5）连续五个以上的隐蔽管线的管线点，有开挖和钎探条件的应有一个开挖点或钎探点验证。

（2）地下管线探测的物探方法　地下管线探测的物探方法有：电磁法、直流电法、磁法、地震波法、红外辐射法五种方法。应根据管线材料及场地地球物理条件选择仪器设备和应投入的工作方法。近几年大量的工程实践案例证明电磁法在地下管线探测中应用最广泛、效果较好，它具有速度快、成本低、效率高等特点，是一种比较经济实惠的方法。电磁法根据场源性质可分成被动源法和主动源法。被动源法可分为工频法和甚低频法；主动源法又可分为直接法、夹钳法、电偶极感应法、磁偶极感应法、示踪电磁法和电磁波法（或地质雷达法）。

被动源法不需要发射装置，既节约成本又可提高探测速度，是一种经济、快速而简便的方法；但它只能探测传输 $50Hz$ 的动力电缆和能够被甚低频台场源极化而产生足够强度二次场的地下管线的位置，有一定的局限性。当有多条此类管线存在时，有时很难加以区分，还必须配合主动场源来精确定位，故被动场源一般用的较少。该方法可探测的管线主要是带电的动力电缆。

主动源是指可受人工控制的场源。探查工作人员可通过发射机向被探测的管线发射足够强的某一频率的交变电磁场（一次场），使被探管线受激发而产生感应电流，此时在被探管线周围产生二次场。根据给地下管线施加交变电磁场的方式不同，又可分为直接法、夹钳法、电偶极感应法、磁偶极感应法、示踪电磁法和电磁波法（或地质雷达法）。

（3）金属管线的探测方法　根据以往城市地下管线探测的实践经验，选择主动源法中的直接法、夹钳法、电磁感应法等。

1）供水管道探查方法　主要可分为以下两类：

①金属供水管道探查用直接法或电磁感应法均可取得理想效果；当接头为高阻体时，应采用较高的频率；当埋深较大时，应采用大功率、低频率，同时使收发距保持在合适的距离内。②大口径金属管道探查一般采用直接法或电偶极感应法。由于管线上方峰值信号宽平而难以确定极大值的位置，所以应采用同一场值的中心点来定位，如采用极大值的 $85\% \sim 90\%$ 定出异常两翼的对称点，再取其中心点定出管线中心位置，之后采用异常特征点宽度确定埋深。

2）电力电缆的探查方法　电力电缆的隐蔽管线点或穿越道路的管线点可采用常规的电磁感应法或夹钳法探查。对出入地电缆之间的地下部分至少应施测一个隐蔽管线点，以反映电缆埋入地下部分的真实情况。

3）电信电缆探查方法　电信电缆敷设方法多数是管块，少数为直埋电缆。直埋电缆可用电磁感应法或夹钳法探查。在确定隐蔽电信管块的位置和埋深时，一般使用夹钳法探出所夹电缆的位置和埋深，在其相应的明显管块上量取有关参数，对实测位置和深度进行改正，换算成隐蔽管块的位置和管块顶深度。通常称这种方法为"等效差值"修正。

相邻的电力或电信管线点，其管块的总孔数不一致时，应在中间加测一个隐蔽管线点，以便适应数据入库的需要。

4）燃气管道的探查方法　燃气管道一般采用无缝钢管或螺旋钢管，因此可采用电磁感应法探查；但由于管道连接处夹有胶垫，用低频信号效果较差，这时可选用高频激发；若管径小于 100mm 时，可采用夹钳法探查。

（4）非金属管道的探测方法

1）钢筋水泥供水管道可采用磁偶极感应法，但需加大发射功率和缩短收发距离（注意近场源影响）；管径较大的水泥管宜采用探地雷达的方法。供水管交叉点（三通、四通点）和转折点均采用钢管连接，这就为用探测仪探查提供了条件。探查时首先从这些特征点入手，定出管线的大致位置，然后有目的地布设探地雷达剖面以确定供水管的平面位置和埋深。

2）排水管的探测方法　主要可分为以下两类：

① 在探查排水隐蔽管线点时，具备开挖条件的应开挖调查，否则应采用探地雷达对目标管线作横断面扫描，根据电磁波图像特征确定目标管线的平面位置和埋深。

② 采用塑料管铺设的给水、燃气管道应尽量利用已知条件和开挖条件确定其平面位置和埋深。

9.2.5　地下管线探测方法试验

地下管线探查前，应在作业区域或邻近的已知管线上进行方法实验，目的是确定该种方法技术和仪器设备的有效性、精度和有关参数。不同类型的地下管线、不同地球物理条件的地区，应分别进行方法实验。方法试验的内容包括：①电磁工作参数的选择试验，如信号激发方式的选择、工作频率的选择、收发距的选择、定位和定深方法的选择等；②测定电磁波法波速；③非金属管线探测方法试验；④新技术推广前所做的方法试验。

方法有效性试验应在管线分布密集、种类较多、地面介质在测区有代表性、管线敷设年代不同和深度不同的地带进行；要通过与已知地下管线数据资料对比或有代表性的开挖点开挖验证，并详细记录开挖结果。校核、评价方法（仪器）的有效性和精度，并选择最佳的工作方法、合适的工作频率作为主要的探查方法。对每台仪器、每个方法都要通过在试验区内试验，统计出深度修正参数，以便对探查深度进行修正。为避免过多的漏探、错探的产生，应在试验区内进行地面、地下和空间的各种环境干扰的试验，如连续性电磁干扰体，金属护栏、交通工具所产生的脉冲型电磁场干扰，高压电网所产生的干扰信号，浅地表的路灯线、小水管、变压器以及水泥路面下的钢筋网等都会对探测形成干扰，通过试验找出不同种类管线干扰的识别方法及压制干扰的技术措施。各项检校、试验都应做好详细记录，资料需整理好以备归档查阅。

（1）管线探测仪器的方法试验

1）接收机自检　具有自检功能的接收机，应打开接收机，启动自检功能；若仪器通过自检，说明仪器电路无故障，功能正常。

2）最小收发距检测　在无地下管线及其他电磁干扰区域内，固定发射机位置，并将其功率调至最小工作状态，接收机沿发射机一定走向（由近至远）观测发射机一次场的影响范围。当接收机移至某一距离后开始不受发射场源影响时，该发射机与接收机之间的距离即为最小收发距，如图 9-39 所示。

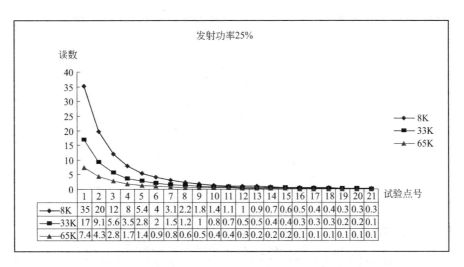

图 9-39　最小收发距实验曲线图

3）最大收发距检测　将发射机置于无干扰的已知单根管线上，并将功率调至最大，接收机沿管线走向向远处追踪管线异常情况；当管线异常减小至无法分辨时，发射机与接收机之间的距离即为最大收发距。

4）最佳收发距检测　将发射机置于无干扰的已知单根管线上，接收机沿管线走向不同距离进行剖面观测，以管线异常幅度最大、宽度最窄的剖面位置至发射机之间的距离即为最佳收发距；不同发射功率及不同工作频率的最佳收发距均不相同，需分别进行测试，如图9-40 所示。

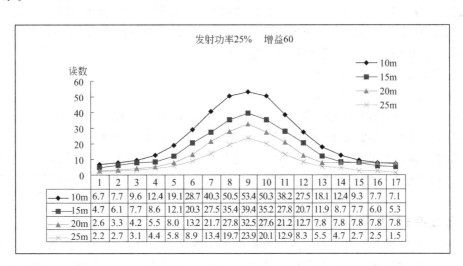

图 9-40　最佳收发距实验曲线图

5）最佳发射频率检测　接收机在最佳收发距的定位点上改变发射机不同功率进行观测，视接收机读数最大值及灵敏度来确定最合适的发射功率，如图9-41 所示。

6）重复性及精度检查　在不同时间内用同一台仪器对同一管线点的位置及深度值进行重复观测，视其各次观测值差异来判定该仪器的重复性。在已知管线区对某条管线采用不同的方法进行定位、测深，将结果填入"管线仪方法试验记录表"中，并将现场观

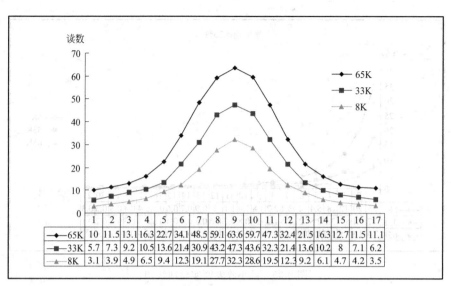

	1	2	3	4	5	6	7	8	9	10	11	12	13	14	15	16	17
◆65K	10	11.5	13.1	16.3	22.7	34.1	48.5	59.1	63.6	59.7	47.3	32.4	21.5	16.3	12.7	11.5	11.1
■33K	5.7	7.3	9.2	10.5	13.6	21.4	30.9	43.2	47.3	43.6	32.3	21.4	13.6	10.2	8	7.1	6.2
▲8K	3.1	3.9	4.9	6.5	9.4	12.3	19.1	27.7	32.3	28.6	19.5	12.3	9.2	6.1	4.7	4.2	3.5

图 9-41 最佳发射频率试验曲线图

测值与已知值进行比较，其差值越小，精度就越高；在未知区，可通过开挖验证来确定探查精度。

7）稳定性检查 在无管线区将发射机分别置于不同的功率档，固定频率，用接收机在同一测点反复观测每一功率档的一次场变化，以确定信号的稳定性。改变频率，用同样的方法，确定接收机各频率的稳定性。

（2）仪器一致性检验 所有地下管线探测仪在投入使用前需先进行一致性检验，校验要选择在已知（是指管线的位置、埋深、管径和材质均为已知的）的管线上进行，将结果记录并填入"管线探测仪一致性检验记录表"。现场校验结束后应对校验结果进行评定，在校验结果全部满足以下条件时，探测仪可投入生产应用。

1）定位误差：$\delta_{ts} \leqslant \pm 0.10h$；

2）定深误差：$\delta_{th} \leqslant \pm 0.15h$。

（注：h 为地下管线的中心埋深，以厘米计；$h < 100$cm 时，以 $h = 100$cm 代入计算。）

探测采样点数必须大于等于 20，仪器探测一致性均方差小于等于 $1/2\delta_{ts}$（δ_{th}）。不能满足要求的仪器，禁止投入生产使用。对分批投入生产使用的探测仪器，每投入一批（台）时，均要进行一致性检验。一致性检验结束后，应编制专门的"探测仪一致性检验报告"。

9.2.6 管线探查的质量检查及资料整理

必须在明显管线点和隐蔽管线点中分别抽取不少于各自总点数 10% 的点，通过重复调查、探查方法进行质量检查，两级检查比例为 7∶3。检查取样应分布均匀，随机抽取；应在不同时间、由不同的人员进行。质量检查应包括管线点的几何精度检查、属性调查结果检查以及管线的漏探、错探检查。

外业工作完成后，应对探测的管线和管线点重新进行统一编号，将探查和测量的外业成果，按照相关规定的格式要求生成管线点的成果数据和属性数据，同时对实测的管线进行编辑和连接处理，编绘 1∶1000 比例尺的综合地下管线图，编制地下管线点成果表，生成综合管线图形数据文件。

建筑工程测量

9.3 三维激光扫描技术

9.3.1 三维激光扫描技术

（1）三维激光扫描技术简介　三维激光扫描技术（three-dimensional laser scan technology）又称"实景复制技术"。它通过高速激光扫描测量的方法，大面积高分辨率地快速获取被测对象表面的三维坐标数据，是一种可以快速、大量的采集空间点位信息，快速建立物体的三维影像模型的一种技术手段。

三维激光扫描技术是伴随着激光扫描技术、三维测量技术以及现代计算机图像处理技术产生和发展的。随着科技的进步和工业技术的发展，三维测量在应用中的作用越来越重要。

（2）三维激光扫技术的优势

1）三维测量：三维激光扫描仪每次测量的数据不仅仅包含点的 X、Y、Z 信息，还包括 R、G、B 颜色信息，同时还有物体反射率的信息。这样全面的信息能让物体在电脑里真实再现，是一般测量手段无法做到的。

2）快速扫描：快速扫描是随着扫描仪诞生而产生的概念。在常规测量手段里，每一点的测量费时都在 2～5 秒不等，更甚者要花几分钟的时间对一点的坐标进行测量。在数字化的今天，这样的测量速度已经不能满足测量的需求。三维激光扫描仪的诞生改变了这一现状，最初的扫描速度是每秒 1000 点，而现在脉冲扫描仪（scanstation2）最大速度已经达到每秒 50000 点，相位式扫描仪——surphaser 三维激光扫描仪的最高速度已经达到每秒 120 万点，这也是三维激光扫描仪对物体详细描述的基本保证；古文物、工厂管道、隧道等地形复杂的领域无法测量已经成为过去式。

（3）三维激光扫描技术的原理　三维激光扫描仪能够对确定目标的整体或局部进行完整的三维坐标数据测量，这就意味着激光测量单元必须进行从左到右、从上到下的全自动高精度步进测量（即扫描测量），进而得到完整的、全面的、连续的、关联的全景点坐标数据；这些密集而连续的点数据也叫做点云，它使三维激光扫描测量技术发生了质的飞跃。这个飞跃意味着三维激光扫描技术可以真实描述目标的整体结构及形态特性，并通过扫描测量点云编织出的外皮来逼近目标的完整原形及矢量化数据结构，这里统称为目标的三维重建。

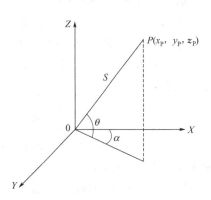

图 9-42　三维激光扫描技术原理图

如图 9-42 所示，将 0 点作为坐标系原点建立坐标系，$P(x，y，z)$ 是空间内任一点，从 0 点发射出的激光光束在水平面 XOY 的投影线与 X 轴的夹角为 α，光光束与水平面（XOY 面）的夹角为 θ，得到扫描点到仪器的距离值 S，就可以计算出 P 点空间点坐标信息。

三维激光扫描仪基于激光的单色性、方向性、相干性和高亮度等特性，在注重测量速度和操作简便的同时，保证了测量的综合精度，其测量原理主要分为测距、测角、扫描、定向四个方面。

9.3.2 测距方法

激光测距作为激光扫描技术的关键组成部分，对于激光扫描的定位、获取空间三维信息

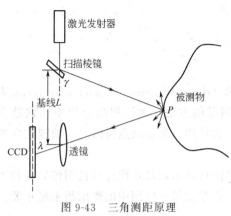

图 9-43 三角测距原理

具有十分重要的作用。目前测距方法主要有三角法、脉冲法、相位法。

（1）三角测距法 三角法测距是借助三角形几何关系，求得扫描中心到扫描对象的距离。激光发射点和 CCD 接收点位于长度为 L 的高精度基线两端，并与目标反射点构成一个空间平面三角形。如图 9-43 所示：通过激光扫描仪角度传感器可得到发射、入射光线与基线的夹角分别为 γ、λ，激光扫描仪的轴向自旋转角度为 α，然后以激光发射点为坐标原点，基线方向为 X 轴正向，以平面内指向目标且垂直于 X 轴的方向线为 Y 轴建立测站坐标系。计算原理见公式（9-1）：

$$\begin{cases} x = \dfrac{\cos\gamma\sin\lambda}{\sin(\gamma+\lambda)}L \\[2mm] y = \dfrac{\sin\gamma\sin\lambda\cos\alpha}{\sin(\gamma+\lambda)}L \\[2mm] z = \dfrac{\sin\gamma\sin\lambda\sin\alpha}{\sin(\gamma+\lambda)}L \end{cases} \tag{9-1}$$

结合 P 的三维坐标便可得被测目标的距离 S，在公式（9-1）中，由于基线长 L 较小，故决定了三角法测量距离较短，适合于近距测量。

（2）脉冲测距法 脉冲测距法是通过测量发射和接收激光脉冲信号的时间差来间接获得被测目标的距离。如图 9-44 所示，激光发射器向目标发射一束脉冲信号，经目标漫反射后到达接收系统。设测量距离为 S，光速为 c，测得激光信号往返传播的时间差为 Δt，则有：

$$S = \frac{1}{2}c\,\Delta t \tag{9-2}$$

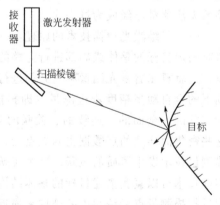

图 9-44 脉冲激光测距原理

影响距离精度的因素主要有 c 和 Δt，而 c 的精度主要由大气折射率所决定，目前 c 的精度很高，对测距影响很小；Δt 的确定可通过前沿判别、高通容阻判别、恒比值判别或全波形检测技术等方法，保证测定精度。脉冲法的测量距离较远，但是其测距精度较低；目前大多数三维激光扫描仪都使用这种测距方式，主要在地形测绘、文物保护、"数字城市"建设、土木工程等方面有较好的应用。

（3）相位测距法 相位法测距是用无线电波段的频率，对激光束进行幅度调制，通过测定调制光信号在被测距离上往返传播所产生的相位差，间接测定往返时间，并进一步计算出被测距离。相位型扫描仪可分为调幅型、调频型、相位变换型等。设以激光信号往返传播产生的相位差为准，脉冲的频率为 f，则所测距离 S 为

$$S = \frac{c}{2}\left(\frac{\varphi}{2\pi f}\right) \tag{9-3}$$

由公式(9-3)可知，这种测距方式是一种间接测距方式。通过检测发射和接收信号之间的相位差，获得被测目标的距离。其测距精度较高，主要应用在精密测量和医学研究，精度可达到毫米级。

以上三种测距方法各有优缺点，见表9-2，主要集中在测程与精度的关系上。脉冲法的距离最长，但精度随距离的增加而降低；相位法适合于中程测量，具有较高的测量精度，但是它是通过两个间接测量才得到距离值，所以应用这种测距原理的三维激光扫描仪较少；三角测量测程最短，但是其精度最高，适合近距离、室内的测量。

表 9-2　三种测距方法的比较

项目 ＼ 方法	脉冲法	调幅相位法	三角法
测量范围	几十米到几百千米	几米到上千米	几厘米到几米
测量精度	厘米数量级	毫米数量级	微米数量级
激光源	脉冲	连续	连续
探测方式	点扫描	点扫描	点、线、面扫描
适用领域	中远距离测量,可用于地面、机载、星载测距	中等距离测量,多用于地面、机载测距	近距离测量,适用于小型目标的高精度测量

9.3.3　测角方法

角位移测量是区别于常规仪器的度盘测角方式，激光扫描仪通过改变激光光路获得扫描角度。把两个步进电机和扫描棱镜安装在一起，分别实现水平和垂直方向扫描。步进电机是一种将电脉冲信号转换成角位移的控制微电机，它可以实现对激光扫描仪的精确定位。在扫描仪工作的过程中，通过步进电机的细分控制技术，获得稳步、精确的步距角。

$$\theta_b = \frac{2\pi}{N_r m b} \tag{9-4}$$

式中，N_r 是电机的转子齿数；m 是电机的相数；b 是各种连接绕组的线路状态数及运行拍数。在得到 θ_b 的基础上，可得扫描棱镜转过的角度值，再通过精密时钟控制编码器同步测量，便可得每个激光脉冲横向、纵向扫描角度观测值为 α、θ。

线位移测量激光扫描测角系统由激光发射器，直角棱镜和 CCD 元件组成，激光束入射到直角棱镜上，经棱镜折射后射向被测目标，当三维激光扫描仪转动时，出射的激光束将形成线性的扫描区域，CCD 记录线位移量，则可得扫描角度值。

(1) 扫描方法　三维激光扫描仪通过内置伺服驱动马达系统精密控制多面扫描棱镜的转动，决定激光束出射方向，从而使脉冲激光束沿横轴方向和纵轴方向快速扫描。目前，扫描控制装置主要有摆动扫描镜和旋转正多面体扫描镜，如图9-45所示。

摆动扫描镜为平面反射镜，由电机驱动往返振荡，扫描速度较慢，适合高精度测量。旋转正多面体扫描镜在电机驱动下绕自身对称轴匀速旋转，扫描速度快。

(2) 转换方法　三维激光扫描仪扫描的点云数据都在其自定义的扫描坐标系中，但是数据的后处理要求是大地坐标系下的数据，这就需要将扫描坐标系下的数据转换到大地坐标系下，这个过程就称为三维激光扫描仪的定向，其原理如图9-46所示。在坐标转换中，设立特制的定向识别标志，通过计算识别标志的中心坐标，采用公共点坐标转换，求得两坐标系之间的转换参数，包括平移参数 Δx、Δy、Δz 和旋转参数 α、β、γ。

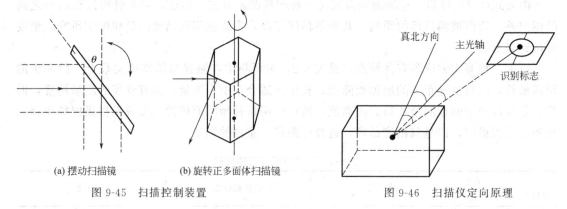

(a) 摆动扫描镜	(b) 旋转正多面体扫描镜

图 9-45　扫描控制装置

图 9-46　扫描仪定向原理

每扫描一个点云后，CCD将点云信息转化成数字电信号并直接传送给计算机系统进行计算，进而得到被测点的三维坐标数据。点云是由三维激光扫描的无数测量点数据构成的，而每个点坐标数据的质量都非常重要。

9.3.4　三维激光扫描系统组成

三维激光扫描技术的核心是激光发射器、激光反射镜、激光自适应聚焦控制单元、CCD技术、光机电自动传感装置（包括激光水平46b步进传感、同轴纵向320b步进自旋转、目标遥控捕捉及取景）等。三维激光扫描系统的工作原理如图9-47所示；首先由激光脉冲二极管发射出激光脉冲信号，经过旋转棱镜射向目标；然后通过探测器，接收反射回来的激光脉冲信号，并由记录器记录；最后转换成能够直接识别处理的数据信息，经过软件处理实现实体建模输出。

图 9-47　三维激光扫描系统

目前市场上销售的地面式三维激光扫描仪按扫描方式划分可分为基于时间-飞行差（即脉冲式）和基于相位差（即相位式）两种类型。

9.3.5　三维激光扫描技术的特点

三维激光扫描系统的最大优势在于它让传统的单点测量转变为可获取海量点云数据的面测量，让测量过程变得比较容易，特别是能够在一些复杂和危险的环境下进行测量；并且它还能直接将扫描得到的大量点云数据直接存储到计算机内，用于扫描目标的三维重建；同时还能通过重构的模型快速获取目标的点、线、面、体等几何数据，然后进行数据的后期处理工作。

激光的各种优越特性使得三维激光测量技术也具有很多优越的特点，下面介绍该技术的一些特点。

(1) 非接触测量　它采用不接触目标物进行测量的方式，也不需要安置反射棱镜，目标物的表面也不需进行任何处理，扫描时直接获取目标物表面点的三维数据；获得的数据也具有高分辨率的特点，使测量工作更容易进行，避免了测量人员直接接触一些复杂危险的目标物，能确保测量工作进行的安全性。

（2）数据采样率高　它的采样点数据远远高于传统测量的采样点数据，脉冲式激光扫描方法的采样点数可达到每秒数千点，而相位式的激光测量则可高达每秒数十万点。

（3）主动发射扫描光源　三维激光扫描技术可以不受扫描环境的影响主动发射激光，通过自身发射的激光的回波信息来解得目标物表面点的三维坐标信息。

（4）具有高分辨率、高精度的特点　三维激光扫描可以快速地获取高精度、高分辨率的海量点位数据，就可以高效率的获取目标物表面点的三维坐标，从而达到高分辨率的目的。

（5）数字化采集，兼容性好　该技术是通过直接获取数字信号进行数据的采集，所以具有全数字特征，方便进行后期处理和输出；且它的后期处理软件与其他软件有很好的共享性。

9.3.6　激光扫描技术的应用

最近几年三维激光扫描技术不断发展并日渐成熟，三维扫描设备也逐渐商业化。三维激光扫描仪的巨大优势就在于可以快速扫描被测物体，不需反射棱镜即可直接获得高精度的扫描点云数据，可以高效地对真实世界进行三维建模和虚拟重现。三维激光扫描技术已经成为当前研究的热点之一，并在文物数字化保护、土木工程、工业测量、自然灾害调查、数字城市地形可视化、城乡规划等领域有广泛的应用。具体可分为以下几方面。

（1）测绘工程领域：大坝和电站基础地形测量，公路、铁路、河道测绘、桥梁、建筑物等地基测绘，隧道的检测及变形监测，大坝的变形监测，隧道地下工程结构，测量矿山及体积计算。

（2）结构测量方面：桥梁改扩建工程，桥梁结构测量，结构检测、监测、几何尺寸测量，空间位置冲突测量，空间面积、体积测量，三维高保真建模、海上平台；测量造船厂、电厂、化工厂等大型工业企业内部设备的测量；管道、线路测量，各类机械制造安装。

（3）建筑、古迹测量方面：建筑物内部及外观的测量保真，古迹（古建筑、雕像等）的保护测量、文物修复、古建筑测量、资料保存等古迹保护、遗址测绘、赝品成像；现场虚拟模型、现场保护性影像记录。

（4）紧急服务业：反恐怖主义，陆地侦察和攻击测绘、监视、移动侦察、灾害估计、交通事故正射图、犯罪现场正射图；森林火灾监控、滑坡泥石流预警、灾害预警和现场监测；核泄漏监测。

（5）娱乐业：用于电影产品的设计，为电影演员和场景进行的设计，3D游戏的开发，虚拟博物馆，虚拟旅游指导，人工成像，场景虚拟，现场虚拟。

（6）采矿业：在露天矿及金属矿井下作业时，以及一些危险区域人员不方便到达的区域（例如塌陷区域、溶洞、悬崖边等）进行三维扫描。

9.4　立体地图

三维激光扫描技术扫描得到的是三维数据信息，可以生成三维图；而BIM技术从设计到施工再到竣工和运营都是在三维图上进行。随着虚拟现实、无人机等技术在测绘行业的应用，空间数据的获取和三维表达也日新月异，立体地图（三维数字地图）已经成为未来的重要发展方向。如今互联网对三维地图需求和贡献也将引领未来的地图发展走向。遥感技术获取最新分辨率的卫星图或航拍图，经过专业制作流程，可以通过三维的方式来呈现成城市的风貌。

目前立体地图（三维数字地图）的主要分为实景三维地图和虚拟三维地图。实景三维地图是借助卫星和激光技术来形成三维地图数据文件。虚拟三维地图（俗称2.5维）采用的是在拍摄建筑物外形后，经过3D模型无缝集成、虚拟美化后形成，是靠WEB GIS和虚拟现实技术来实现的。立体地图（三维数字地图）有以下几个方面的特点。

(1) 准确实测　卫星影像图以实测为准，空间数据准确。

(2) 高清建模　多边形构建还原楼房的真实度，达到误差的最小化。

(3) 精细贴图　精细贴图还原建筑物的真实情况。

(4) 真实渲染　利用接近现实的光线跟踪渲染器来进行渲染。

(5) 美化环境　通过对卫星图上的环境进行美化，增设草坪、树木等来实现产品的观赏性。

实景三维地图相对虚拟三维地图的制作要方便一些，缺陷是无法像虚拟三维地图那样整体展示城市的面貌，同时信息的加载互动性不够。由于城市的发展变化很快，总体来说制作维护的成本较大。市面上还有一类通过SKYLINE制作的真三维的数字地图，制作建设和维护成本都太高，无法实际使用到各类城市应用中。

以地图位置服务为代表的地球空间信息及应用服务产业已经成为当前IT产业的重要组成部分，与国民经济、社会发展各方面紧密联系，深入公众日常生活。据塞迪顾问（CCID）和长城战略咨询（GEI）估计，2010年以来，导航与地图位置服务产业市场规模超过700亿美元，我国市场规模超过800亿元。在各种因素的综合推动下，预计未来五年我国导航与地图位置服务产业将保持至少30%～40%的复合增长。如此巨大的发展潜力也造就了一批比较有实力的优秀企业，比如杭州阿拉丁、深圳百纳九洲等已经成为全国市场上最大的三维地图制作商。这类公司早期通过三维地图的编制以及地图的出售出租来获取利益。随着技术的发展，企业形成了基于2.5维地图自身的搜索引擎。杭州阿拉丁主要专注导航市场，深圳百纳九洲通过不断完善2.5维GIS引擎，形成了自身特色的地图应用方案，如网格化社区、数字校园、产业经济等政务应用服务，为企业提供了新的盈利模式。2.5维引擎能无缝的叠加传统二维地图，结合真三维的地图。2.5维地图引擎相对于目前市面上主流的ARCGIS有更强的前端展示能力，相对于SKYLINE来说又有很好的数据加载展示能力，更适合目前城市信息化建设对GIS的要求。

立体地图（三维数字地图）与物联网、移动互联网的结合是现在科技发展的必然结果，目前也很期待这类结合产品的多元化体现。虽然三维地图的发展在不同的领域已经取得了很好的发展，也形成了很多多元化的产品，但就整体来说目前三维地图建设维护周期长这一根本问题还是没有得到很好的解决，导致其服务范围有一定的地域性、局限性。期待更远的将来能有更多的企业投身其中，为行业的发展提供新鲜血液。

9.5　自动化监测技术

随着各种新型传感器、微电子技术和网络通信技术的发展，各种自动化监测系统在大坝、堤防、高边坡等重大建筑物和环境工程中得到了广泛应用，并且监测如变形、渗流、渗压、温度、应力、应变等项目技术也日渐成熟，具有数据准确、实时的特点。在轨道交通建设中，随着暗挖穿越既有线施工的增多，既有线结构和运营的安全压力逐渐增大，传统的人工监测系统已无法满足安全施工的要求；因此在暗挖穿越既有线施工中，自动化监测系统对结构和轨道的监测具有广泛的应用前景。

目前国内外已投入运行的自动化监测系统很多，下面以智能分布式数据采集系统为例，简要介绍自动化监测系统。

智能型分布数据采集系统是在 Windows 工作平台上开发的新一代工程安全监测系统。由于采用了微电子测量技术和通信技术的最新成果，并通过在结构上的模块化技术和虚拟仪器技术的结合，使该系统具有功能更强、测量精度更高、系统组态更灵活、运行更可靠的特点。该系统具有通用性，可应用于大坝及其它水工建筑物，包括高边坡、供水工程、建筑工程和交通工程的安全监测，适用于从中小型到大型、特大型自动化监测系统。

9.5.1　自动化监测系统构成

（1）自动化监测系统的组成　由于工程监测自动化系统具有规模大、测点多、常年处于潮湿、高低温、强电磁场干扰环境下连续不间断工作的特点，因此对监测系统提出了功能强、可靠性高、抗干扰能力强、数据测量稳定的要求。集中式测量系统难以满足以上要求，因此本文介绍的自动化监测系统采用分布式测量系统，系统的基本组成如图 9-48 所示。

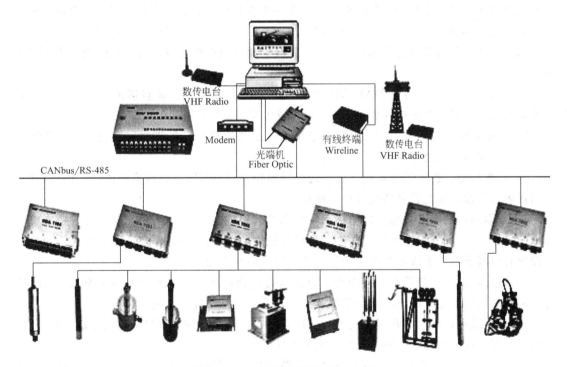

图 9-48　自动化监测系统的基本组成

自动化监测系统由上位计算机及数据采集单元（DAU）组成。上位计算机可为一台通用微机、工控机或服务器；各个数据采集单元置于测量现场。数据采集单元自身具有自动数据采集、处理、存贮及通信等功能，可独立于系统运行，是自动化监测系统中的关键部分，在以下部分中将对其功能及设计进行详述。上位计算机与数据采集单元之间通过现场总线网络进行通信，用于命令和数据的传输。通信可采用普通双绞线、电话线、光纤、无线等多种形式。图 9-48 表示自动化监测系统的最基本形式，可以由多个这种基本系统组成大型或特大型分布式系统，各上位计算机之间通过通信方式相联系，可以由另一台上位计算机统一管理。分布式系统具有以下特点：

1）可靠性高 数据采集单元化，其结构相对简单，而且各 DAU 相互独立互不影响，某一单元出故障不会影响全局。系统故障的危险降低，可靠性提高。

2）实时性强 各数据采集单元并行工作，整个系统的工作速度大为提高，整个系统中各个数据测量时间的一致性好。

3）测量精度高 各数据采集单元均在传感器现场，模拟信号传输距离短，测量精度得到提高。

4）可扩充性好，配置灵活 用户可根据需要增加或减少数据采集单元以增减测量的内容。

5）维护方便 由于数据采集单元采用了模块化设计，如某一单元出故障，只要更换备用模块即可。

6）电缆减少 各数据采集单元均在现场，距离传感器很近，各 DAU 之间通过通信总线相连接，因此整个系统的电缆大为减少。

由于分布式数据采集系统具有这些特点，再在设计中结合模块化技术和虚拟仪器技术，即在硬件结构上把整个测量单元的电路设计在一个模块内，取消了所有的开关、旋钮、显示等环节，而将其功能由计算机软件来实现，因此系统的功能及可靠性进一步加强。

（2）自动化监测系统的总体功能 通过系统的硬件及软件配置，自动化监测系统可实现以下的功能。

1）数据采集功能 各台 DAU 均具备常规巡测、定时巡测、选点巡测、选点单测等数据采集功能，采集的数据或存贮于 DAU 中，或传输至上位计算机。

2）显示功能 显示被监测建筑物对象及监测系统的总貌、各监测子系统概貌、监测布置图、过程曲线、报警等窗口。

3）操纵功能 在上位计算机上可实现监视操作、显示打印、在线实时测量、曲线作图、数据报表、修改系统配置及离线分析等操作。

4）数据通信功能 数据通信包括现场级和管理级的通信，现场级通信为数据采集单元（DAU）之间及 DAU 与监测管理中心上位计算机之间的双向数据通信；管理级通信为监测管理中心内部及其与上级主管部门计算机之间的双向数据通信。

5）自检功能 系统具有自检功能，通过运行自检程序，可对整个系统或某台 DAU 进行自检，最大限度地诊断出故障的部位及类型，为及时维修提供方便。

6）现场操作功能 在现场的每台 DAU 都备有与便携式操作仪或便携式微机的接口，能够实现现场仪器的标定、调试及数据采集等功能。

7）防雷击、抗干扰功能 在系统中的电源系统、通信线接口、传感器引线接口的设计中均采取了各种抗雷击措施，各单元采取隔离等措施及抗电磁干扰设计，使系统具备很强的防雷击、抗干扰能力。

8）自动化监测系统的测量精度 满足《混凝土坝安全监测技术规范》（DL/T 5178—2016）、（SL 601—2013）中的各项要求。

9.5.2 自动化监测应用案例——北京首云铁矿尾矿库 GPS 变形监测系统

（1）项目概况 北京首云铁矿和尚峪尾矿库位于矿区西北约 1km 的沟谷中，于 1991 年 5 月投产使用。库区基岩为古老的片麻岩，沟底为第四纪覆盖层，坝址处覆盖层最厚 16m。上部以洪积亚黏土为主，中部以坡积碎石和含土碎石为主，底部为碎石层。

尾矿库建有两座初期坝，均为透水堆石坝。西坝底标高 149.3m，东坝底标高 143.5m。坝顶标高均为 205.6m，总库容 1350 万立方米，库区纵深 300m，占地 55.85m³。现尾矿库可利用 15 年，目前首钢铁矿已在矿区东南侧 3km 处的孙家沟拟建远期尾矿库。

首云铁矿尾矿库 GPS 自动化变形监测系统为"十一五"国家科技支撑计划项目示范工程（图 9-49）。系统由分布在尾矿库各级子坝上的 8 个监测点和 1 个基岩基点组成。GPS 自动化监测系统由三部分组成，包括数据采集单元、数据传输单元、监控中心。这三部分形成一个有机的整体：数据采集单元跟踪 GPS 卫星并实时采集数据；数据通过光纤通讯网络传输至监控中心服务器；监控中心相关的软件对数据处理并分析，监测尾矿坝的外部形变。

图 9-49　自动监测系统之数据采集中心

（2）监测点设计　尾矿库有东西两座坝体，监测点分布在东西坝的各级子坝上。东西坝各设计一个监测断面，共四个监测点，分别位于第一、第三、第五、第七期子坝的关键部位。西坝点名分别为 zw11、zw12、zw13、zw14；东坝点名为 zw21、zw22、zw23、zw24。位于泵房后基岩上建立参考站（JD）。监测点分布示意图如图 9-50 所示。

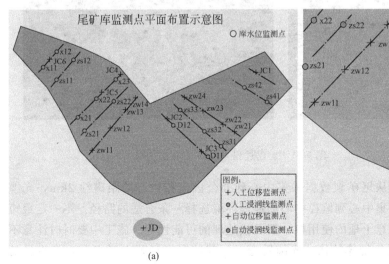

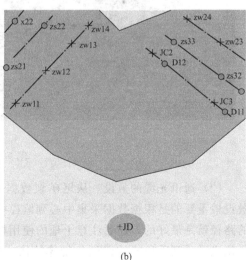

(a)　　　　　　　　　　　　(b)

图 9-50　监测点分布示意图

观测墩设计如表 9-3：

表 9-3　观测墩设计

部位		尺寸/m	备注
观测墩体	上底	0.40×0.40	
	下底	0.40×0.40	
	高	1.5	
平台		0.60×0.60×0.2	
基础挖深		1.0	基站按地址情况开挖到基岩

土建过程如图 9-51 所示。

(a)　　　　　　　　　　　　　　(b)

(c)　　　　　　　　　　　　　　(d)

图 9-51　土建过程

（3）通讯光缆的敷设　从尾矿坝数据采集中心到办公区监控中心的距离约 2km，光缆敷设最重要的是根据数据采集中心到监控中心的地理环境选择一条合适的路径。不一定最短的路径就是最好的，还要注意土地的使用权，架设或地埋的可能性等。施工中要时时注意不要使光缆受到重压或被坚硬的物体扎伤。光缆转弯时，其转弯半径要大于光缆自身直径的20 倍。

光缆埋入地下，挖沟深 0.8m 进行光缆直埋，见图 9-52。

图 9-52　光缆敷设

（4）数据采集中心　数据采集中心是负责 GPS 数据存储与转发的枢纽，同时放置 GPS
接收机、一机多天线系统等重要设备。监测点只需固定 GPS 天线，通过馈线连接到安置在
数据采集中心一机多天线系统即可。这样一方面可以保证接收机的安全，也方便系统设备的
管理。

数据采集中心建在距东西坝监测断面距离大概相等的位置，由于尾矿库粉尘大、地势开
阔，因此要考虑放水防尘等因素，数据采集中心建成后如图 9-53 所示。

数据采集中心要做好防雷措施。以数据采集中心机房周围 3m 为半径，水平接地体形成
环形分布，地沟深 50cm，宽 30cm。采用截面为 40×4mm 的热镀锌扁钢焊接。垂直接地体
是在水平接地体两端开始，以 3m 为间隔设立。向下挖直径为 20cm，深 2m，接地极采用 50×
5mm 的热镀锌角钢，长 2m，垂直埋入，如图 9-54 所示。为了节省空间，数据采集中心的
设备用网络机柜进行放置，如图 9-55 所示。

图 9-53　数据采集中心图

图 9-54　数据采集中心防雷

（5）监控中心　系统监控中心利用办公区现有机房（图 9-56）。系统控制中心主要由内
部网络、数据处理软件、服务器等组成，通过光纤网络实现基准站、监测站、数据采集中

185

心、控制中心之间的有线连接。系统控制中心功能主要：数据处理、系统运行监控、信息服务、网络管理、用户管理。

图 9-55　数据采集中心设备

图 9-56　监控中心机房

控制中心的机房建设应为工作人员创造一个有利于健康、卫生的工作环境。作人员需要昼夜工在机房内工作，为有利于他们的健康、有处于他们精力充沛，机房内应有良好的通风、温度、采光、空间、色彩等环境。

（6）系统监测软件介绍　本系统监测软件 Dmonitor 实现 GPS 原始数据读取、解算、预警、转发，其包括 Daprider、Domator、WarningClient、MonitorTransfers 四个模块。

1）Daprider　软件通过 Daprider 获取 GPS 原始数据，Darider 模块既可以实时的从串口或网络端口获取数据也可以从本地硬盘中读取保存的数据，对数据进行回放、检查，如图 9-57 所示。

2）Domator　软件解算与监测模块，获取原始观测数据后进行处理，根据 GPS 监测站和被监测站的原始观测值实时计算被监测点的位移。其解算主要分为两个过程：模糊度的实时解算和基线值的计算。

① 模糊度的实时解算是根据监测站和被监测站的单历元原始观测值，形成双差观测值，并联合基线已知值信息来

图 9-57　Daprider 模块数据获取

实现的。计算分为三个过程，分别为浮点模糊度及其协方差的计算、模糊度的固定以及模糊度的检验。具体过程如下。

a. 首先，根据双差相位和伪距观测值以及基线已知信息计算浮点模糊度及其协方差；

b. 然后用 LAMBDA 方法固定模糊度；

c. 模糊度的检验是通过计算固定解与基线先验值的差来判断的，如果差值在限制范围内，则认为是固定的。在首次运行软件时，基线先验值为手工输入的已知值，随着软件的运行，先验值在不断地更新，也就是说发生形变后，软件会自动更新先验值。

② 模糊度固定并检验合格后，开始实时计算基线值。当软件检测到某颗卫星发生周跳后，则重新固定其模糊度。软件可以处理单频和双频数据。单频使用 L_1 双差相位值和 C_1 伪距相位值固定模糊度，用 L_1 双差相位值计算基线值；双频除了固定 L_1 双差模糊度外，还用宽巷相位双差组合及 P_2 伪距双差固定宽巷双差模糊度，从而得到窄巷模糊度，以达到更高的精度，如图9-58所示。

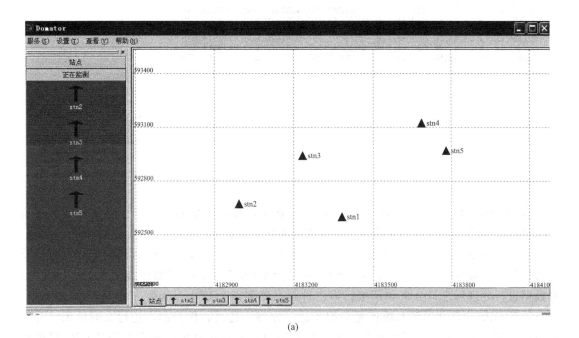

(a)

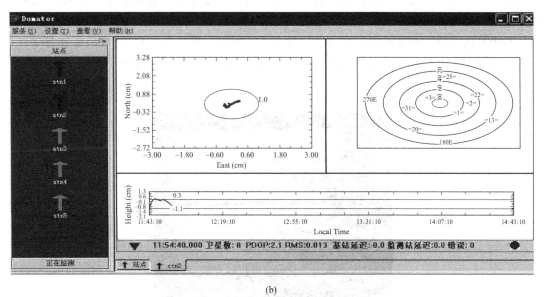

(b)

图9-58 Dmator 主界面

3）WarningClient　在 Dmator 中设置好预警端口后，在这个模块中就可以读到变形监测数据。当监测站的位移超过了设计值时就进行报警，报警的方式可以通过声光报警或者短信方式通知管理人员，如图 9-59 所示。

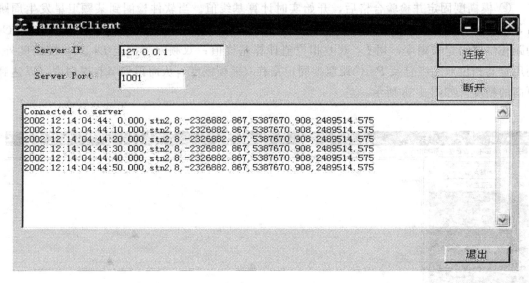

图 9-59　WarningClient

4）MonitorTransfers　MonitorTransfers 是本着数据共享的原则进行设计的，通过这个模块对数据进行发布，最大限度的发挥系统的作用。

（7）技术亮点　利用 GPS 定位技术进行变形监测，是一种先进的高科技手段。用 GPS 进行变形监测通常有两种方案：第一种是用几台 GPS 接收机定期的到监测点上进行观测，对数据进行处理后进行分析和预报；第二种是在监测点上建立无人值守的 GPS 监测系统，首云铁矿 GPS 自动化监测系统正是应用了这一方案。通过软件控制，进行实时监测、分析和预报。第一种方式时效性比较低，第二种方案由于需要在每个监测点上安装 GPS 接收机致使监测系统的费用高。

基于上述问题，在本系统中采用了一机多天线系统，使一台 GPS 接收机能连接多个天线。这样每个点上只需要固定天线而不是安装 GPS 接收机，有效地降低了监测系统的成本，如图 9-60 所示。

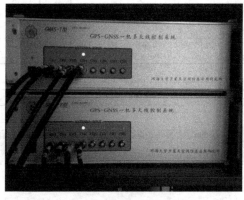

图 9-60　GPS 接收机

一机多天线系统由计算机系统、天线开关阵列和控制电路组成，如图9-61所示。

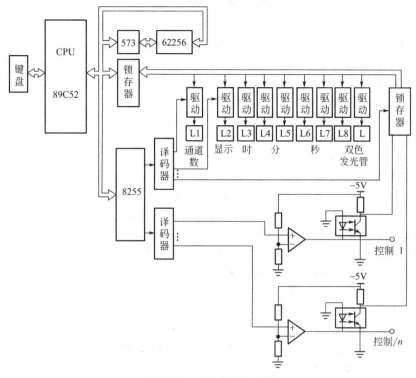

图 9-61 一机多天线系统

一机多天线系统通过微波开关对各信号通道进行参数设定，包括各通道的开关选择、各通道的时间参数设定等；还可以设定系统的工作方式，对数据的传输方式进行控制，将GPS原始数据实时传输到控制中心，实现精确定位。

小结：本单元首先详细介绍了RTK在工程测量中的具体应用，然后简单介绍了三维扫描技术、地下管网测绘以及自动监测系统等测绘行业的新技术或发展与应用。

思考与练习

1. 结合具体设备和软件，根据自己的课程实践介绍RTK在工程测量中的应用。

2. 请简介三维扫描系统，上网查找相关案例说说具体实施步骤。

3. 如果让你完成某城市地下管网测绘，试想一下你会怎么做？

4. 除了本书介绍的自动监测系统，还有哪些自动系统？请上网查找并进行描述。

参 考 文 献

[1]　中华人民共和国建设部　中华人民共和国国家质量监督检验检疫总局．GB 50026—2007 工程测量规范．北京：中国计划出版社，2008．

[2]　周文国．郝延锦．建筑工程测量．第2版．北京：科学出版社，2011．

[3]　刘福臻．数字化测图教程．西安：西安交通大学出版社，2008．

[4]　覃辉，叶海青．土木工程测量．上海：同济大学出版社，2006．

[5]　建设部人事教育司．测量放线工．北京：中国建筑工业出版社，2005．

[6]　蒋辉等．数字化测图技术及应用．北京：国防工业出版社，2006．

[7]　李峰．建筑施工测量．上海：同济大学出版社，2010．

[8]　郭智多．建筑工程测量小全书．哈尔滨：哈尔滨工业大学出版社，2009．

[9]　陈宗佩等．工程建筑物的测量放样．哈尔滨：哈尔滨工业大学出版社，2003．

[10]　李沛鸿等．建筑工程测量．北京：地质出版社，2007．

[11]　蓝善勇．建筑工程测量．北京：中国水利水电出版社，2007．

[12]　孔达．土木工程测量．郑州：黄河水利出版社，2008．

[13]　李仲．建筑工程测量．重庆：重庆大学出版社，2006．

[14]　凌支援．建筑施工测量．北京：高等教育出版社，2005．

[15]　汪荣林，罗琳．建筑工程测量．北京：北京理工大学出版社，2009．

[16]　周建郑．建筑工程测量．第3版．北京：化学工业出版社，2015．

[17]　薛新强，李洪军．建筑工程测量．北京：中国水利水电出版社，2008．

[18]　白会人．土木工程测量．武汉：华中科技大学出版社，2009．

[19]　刘基余．GPS卫星导航定位原理与方法．北京：科学出版社，2008．

[20]　刘绍堂．控制测量．郑州：黄河水利出版社，2007．

[21]　石四军．建筑工程控制与施工测量快速实施手册．北京：中国电力出版社，2006．

[22]　胡友健等．全球定位系统（GPS）原理与应用．武汉：中国地质大学出版社，2003．